メルカリでできる最強の副業

「古着転売」だけで毎月10万円

しーな

会社員(35)
ドーン
働き方改革の波がうちの会社にもやってきたー!
残業代減るから副業を探さないと…
ズーン
でも急に言われても自分には出来ることなんてないしな…
うーむ
会社が休みの日にバイトでもしようかな?
いやでもそれは体力的にも精神的にもしんどそうだな…
つかれた…
ガーン
うわーどうしよう…!
はじめまして!
スッ

あ、あなたは?!
しーな
僕はこの本の著者のしーなと申します
副業だったら今日から誰でも始められる古着転売をやってみませんか？
ドンッ
古着転売？
そう！会社で働きつつ古着転売で100万円稼いでる人もいますよ！
ひゃ、100万円!?
はい！
一体どうやるんですか?!
フフフ…
100万円…
古着転売とは…
リサイクルショップで仕入れた古着をメルカリで販売すること
買う
売る
古着屋

服の知識がなくてもOKだし
たった1000円の資金で始めることができます
せ、1000円?!
それだけで?!
そう!
それに、マーケティングを学べるから色んなことにも応用できるんです!
応用イロイロ
買い物に…
趣味に
仕事に
ライバルも少ないし、仕組みを作れば大きく稼ぐことができる…
今注目されているビジネスなんです!
フフフ…
えーでも古着転売なんて聞いたことないし…
うーん

ズーン
そもそもあまり服にも興味ないですし…僕でも本当に稼げるんですか？
不安。。
大丈夫！僕ももともとは仕事のできないクビ寸前の会社員だったし
実は…
そうなんですか?!
!?
2500人！
なんと！
ドンッ
そうです！ですが脱サラして古着転売を学んで
これまでに累計2500人以上の初心者の方に古着転売を教えてきました
スゴイ！
に、2500人?!
それなら僕にもできそう…どうやったんですか？
その方法はこの本でこれから詳しく説明していきますね
ハイッ
よろしくお願いします！

大事なのは学び、実践することです
そうすれば必ず成果は出ます！
何事も実践あるのみなので
まずは1着でも服を売ってみましょう！
ぐ
オォー!!
1着でも古着が売れるということは
会社からもらう給料とは違って、自分の力でお金が稼げるようになるということです
Sold
売れた…！
確かに…同じ収入でも全然違って感じますね
ふむふむ
そうなんです！

古着転売で「モノの売り方」を学び、まず月収10万円を目指しましょう
めざせ 月収10万円！
古着転売を学んで…
さらに段階を踏めば独立も夢じゃありませんし、
「好きなことで生きていく」ことが現実になります
そうすればこの先社会がどう変わったとしてもへっちゃらです！
何があっても大丈夫！
オォー!!
みんな続々始めていますよ！
さあ、今すぐあなたもやってみましょう！

はじめに

数多くの書籍の中から、この本を手に取ってくださりありがとうございます。

いまのあなたは、もしかするとこんな悩みを抱えているかもしれません。


「会社が薄給で貯金ができない。気軽に始められる副業はないだろうか」

「洋服が好きだ。好きなことを仕事にできないか」

「いつまでいまの会社があるかわからない。自分の力でお金を稼ぎたい」

「会社の人間関係で悩んでる。1人で仕事がしたい」

「仕事に興味もやりがいも持てず、能力もない。このままでいいのだろうか……」


はじめまして。著者のしーなと申します。ビジネスコンサルタントとして活動しています。会社員時代の年収は２００万円ほどでしたが、古着転売ビジネスで起業して5年目の現在、年収３０００万円を超えました。じつは先述した悩みの数々は、ほかでもない僕自身の悩みでした。協調性がなく、同僚と上手くコミュニケーションが取れない。仕事にやりがいが見出せず、ストレスで慢性的な胃腸炎に悩まされている。朝から晩まで身を粉にして働いても、給料は手取りで15万円程度。生きていくだけで精いっぱいで、将来に何の希望も持てない……。ある日、いつものように上司から「お前ほんとに使えねーなー。この仕事向いてないよ。もう明日から来なくていいよ」といわれた瞬間、ぽっきりと心が折れ衝動的に退職。何の当てもないまま無職になりました。

学生時代に古着が好きで、何とかそれが仕事にならないかと模索していたときに、「メルカリで売れるんじゃないか？」という思いつきで始めた古着転売。振り返れば、あのときの思いつきが僕の人生を１８０度変えるきっかけになりました。

僕はこれまで、「会社に依存しない、独立した強い個人を育てる」ことをコンセプトに、会社員や主婦、学生の方々をはじめ、経営者、司法書士、行政書士、理学療法士、セラピスト、コンサルタント、プログラマー、デザイナーなど多種多様な業界の延べ２５００人以上の方々に、マーケティングを軸にアドバイスを差し上げてきました。古着転売を直接指導する塾も主宰しています。たくさんの方々に教えてきた経験と実績から、古着転売は少数の人間のみが結果を出せるビジネスではないと確信しています。正しい知識をもとに実践していけば、月収10万円はもちろん、それ以上の収入を得ることも決して夢ではありません。

本書を通して古着転売ビジネスと出会い、それがあなたの人生を変えるきっかけになれば、僕にとってこれほど嬉しいことはありません。

さあ、今日から始められる古着転売で、最高の未来への第一歩を踏み出しましょう。

第2章 どんな古着を、誰に売るのか？ STEP2：リサーチ

第3章 いよいよ仕入れをしてみよう STEP3：実践

第0章 そもそも古着転売ビジネスとは?

STEP0：基礎知識

第0章 そもそも古着転売ビジネスとは？【STEP0:基礎知識】

アマゾン転売とは違いライバルも少なく
ライバル
覚えきれないよー！
知識
知識
アフィリエイトとは違い膨大な知識は不要です
なるほど！
メルカリは穴場な上に簡単だから誰でも始めやすいんですね！
もっと言えば着なくなった服を売るだけでもいいんです
さあ、やってみよう！
それだけで今日からビジネスがスタートします！
こんなにシンプルで取り組みやすいビジネスは他にはありません

今日から始められる古着転売

古着転売はとてもシンプルなビジネスです。その名のとおり、**古着を安い値段で仕入れ、その仕入れ値より高くネットで売ること。**そしてその差額が利益になります。

基本的にどのような服でも売れるのですが、本書ではTシャツやスウェット、ジャージやナイロンジャケットなどのカジュアルなアイテムを販売する方法を紹介します。

さて、古着転売はスマートフォンと服のサイズを測るためのメジャーさえあればいますぐ始めることができます。難しい手続きは一切必要ありません。スマホに、メルカリやラクマ、あるいはヤフオク！（以下、ヤフオク）などのアプリをダウンロードするだけでスタートします。あなたの家のクローゼットに眠っている、もう着なくなった服を出品すれば、その瞬間にビジネスが走り出します。これ以上ないほどシンプルで簡単です。

◉フリマアプリが働き方を変えた

いまのようにフリマアプリが世間に普及する前は、個人でモノを売る商売を始めるには高いハードルがありました。まず店舗を構える必要がありますし、そのためには多額の

カジュアルなアイテム カジュアルとは、「くつろいだ、気軽な」といった意味です。対義語はフォーマル。本書では、少しも気張らず、ふらっと近所のコンビニに行くようなリラックスした格好を指します。

フリマアプリ インターネット上で、実際のフリーマーケットのように個人同士でショッピングが楽しめるアプリのことです。メルカリ、ラクマ、PayPayフリマなどが有名です。最大手のメルカリは2013年にスタートし、スマホがあれば簡単に買い物ができることから20代から30代の女性の間で火がつき、現在は男性ユーザーにも人気です。

開業資金や家賃などの初期費用がかかります。もちろん、扱う品物とその陳列に必要な什器も準備しなければいけません。また人を雇うとなれば人件費も発生しますし、お店ができたばかりで認知されていない段階では、お客様に来店してもらうための広告費もかかります。

とにかく、まず商売を始めるまでにお金がかかって仕方ありません。**気軽に、「ちょっとやってみようかな」というテンションではなかなか商売を始められませんでした。**ビジネスをやるまでに超えなければならない高いハードルが存在したのです。借金をしてでもビジネスを立ち上げて、何が何でも成功するんだ!　という思いを僕は尊重しますが、現実的に考えると、万が一にも失敗してしまったら、借金まみれでやり直しがきかない事態になってしまう。それが、フリマアプリが登場する以前の僕たち個人の働き方を取り巻く状況でした。

僕自身、会社員を辞めてビジネスを始めようとしたときに考えたのは、古着屋の実店舗を開業することでした。しかし開業資金はどう少なく見積もっても５００万円以上かかることがわかり途方に暮れました。恥ずかしながらまったく貯金がなかったですし、借金をして店を始めてもお金を返せる自信もなく、失敗したときのリスクを考えると怖くてとても挑戦できませんでした。

そのときに目をつけたのが無料ですぐに始められるメルカリです。とりあえず飽きて着なくなった服を1着出品してみました。そして、その日をきっかけに僕の人生は大きく変わりました。

インターネットは最高です。**スマホやパソコンを持ってさえいれば、誰でもすぐにネット上に無料で自分のお店を開くことが可能になったからです。**資金力がない個人でも、やり方次第で無限にチャンスが広がります。メルカリで服を売るのに家賃はかかりません。自分ひとりでやれば人件費もタダです。集客のための宣伝費も不要です。テレビでは毎日メルカリのCMが流れ、今日も日本全国の人がメルカリで買い物を楽しんでいます。インターネットのおかげで、「こんなに簡単にできてしまっていいの？」と逆に不安になるほど、ビジネスへのハードルが低くなっています。

いまでは老若男女あらゆる人々が使っているインターネットですが、ほとんどの人がその可能性の本当の素晴らしさに気づいていないように思います。**だって〝タダみたいな料金〟で〝誰でも〟ビジネスをスタートできてしまうんです。**やる気さえあれば今日から始められます。嫌になればやめることも簡単です。こんなことはネットが登場する以前はあり得ませんでした。ふと考えてみるとめちゃくちゃすごいことです。インターネットは僕たちの「働き方」そのものを変えました。こんな便利なツールを知ってしまった以上、これを使わない手はありません。ただ暇つぶしにゲームをしたり、美味しいランチが食べられるレストランを探すために使うだけではもったいなさすぎます。

集客のための宣伝費も不要 個人がネットショップを立ち上げた場合、集客に苦労することが多いです。オープンしたてのお店は知名度も信用も実績もないからです。しかしメルカリを筆頭に、フリマアプリはテレビCMやネット広告などで盛んに宣伝しているため集客に困ることがありません。これだけでも相当なメリットといえます。

フリマアプリがモノの売り方を変えた

フリマアプリ登場以前の個人のモノの売り方

店舗を開く必要があり、そのためには多額の費用がかかった

数百万円以上の開業資金が必要
・家賃
・人件費
・光熱費
・広告費
・内外装、備品の購入に関する費用
・仕入れ費用

リスクが高く、誰でも挑戦できるわけではなかった

↓

フリマアプリ登場以後

ネット上にお店を開ける

スマホがあれば誰でもできる

無料で、1人で始められる

フリマアプリが宣伝してくれる

失敗してもリスクなし

やる気次第で今日からでも始められ、無限にチャンスが広がっている

やる人とやらない人で今後ますます差がついていく

◉ファッションに無頓着でも古着転売は稼げる

また、意外に思われるかもしれませんが、ファッションに詳しくなくても古着転売で稼ぐことは可能です。これまでファッションに興味がなかったとしても何の問題もありません。Ｔシャツってどういう形だっけ？　ナイロンってどういう素材だっけ？　ああ、Ｔシャツはあの夏に着るやつね。ナイロンって風を通さないシャカシャカした手触りのやつか。そういうことがなんとなくわかればそれで十分です。

なぜなら、本書で取り扱う服は、**膨大な予備知識の必要なヴィンテージアイテムでもなければ、本物と偽物を見分けるために目利きと経験が求められるハイブランドでもないからです。**せっかく稼げるビジネスだとしても、それを身につけるのに天性の才能や知識が必要だったり、お金がなければ取り組めないのであればなかなか挑戦できませんよね。古着転売は選ばれた人にしかできないような難しいビジネスではありません。会社員でも学生でも主婦でも、少しのお金とやる気があれば誰でも始められる身近な商売です。古着転売がきっかけでビジネスの面白さに気づき、夢が夢を呼んで、いまからは想像もできないような大きな夢ができるかもしれません。実際、僕がそうでした。本書はあなたの可能性を広げる入り口になればいいなと考えています。

◉服の知識よりも大事な「売り方」

ヴィンテージアイテムは、販売するためにおびただしい服の知識が必要になります。仕入れ金額も高額になりますし、そもそも特別な仕入れルートを持っていないと価値のあるアイテムは簡単には手に入りません。厳然たる参入障壁が存在し、誰もができるわけではありません。

同じようにグッチやエルメス、ルイ・ヴィトンなどのハイブランドを扱うのも難しいでしょう。世の中には数多くの偽造品が出回っており、真贋《しんがん》の鑑定に専門的な知識を要するからです。精巧なコピーは、「これは本物ですよ」というブランドの証明書すら偽造します。また万が一偽物を販売してしまうと、逮捕されるリスクすら背負うことになります。やはり初心者には到底おすすめできるものではありません。

改めて、本書で扱う古着についてお話しします。

アディダスのスウェット。ヴィンテージでもハイブランドでもなく、トレンドの古着アイテムを扱う。

ヴィンテージアイテム　ヴィンテージの本来の意味は「良質のブドウが収穫された年」のことで、ワイン用語として使われてきました。ファッション用語としてのヴィンテージにはっきりとした定義は存在しませんが、「デザイン、素材に価値がある年代物」といったニュアンスで語られます。具体的には20年～30年以上年月が経過したものを指すことが多いです。

ハイブランド　高級、高価、格式の高いブランドのことです。もともとは上流階級や富裕層に向けて作られていましたが、いまは一般人も手に入れることができます。

誰もが着たことのある、Tシャツ、シャツ、スウェット（トレーナー）、ジャージ、ナイロンジャケット、ダウンジャケット。これが本書で扱う服のほぼすべてです。偽物を扱うリスクはほとんどありませんし、細かな服の知識も不要です。仕入れはどこにでもあるリサイクルショップでできますし、1000円あれば仕入れられます。

服の知識よりも大事なことは、これから何度も繰り返し述べることになりますが、売り方を学ぶことです。**マーケティングを学ぶことです。**

いまは「古着転売って何？　どういうビジネス？」という状態でも、正しい売り方の知識を身につけ、10万円程度の仕入れ金があれば、すぐに3～5万円程度を稼ぐことができるようになります。

会社員として働きながら、副業で取り組んでいる古着転売で100万円以上の月収を稼いでいる人もいるほどです。彼は僕が運営している塾の塾生ですが、もともとは副業の経験もない地方都市にお住まいの会社員で、おしゃれにも興味がありませんでした。この本を書いている僕自身、会社員失格の烙印を押された、ちょっと古着が好きなだけの何のとりえもない男でした。「自分には人より優れているスキルなんてないよ」と、もしいまあなたが思っていたとしても何の問題もありません。そのスキルをあなたに身につけてもらうために本書があるのですから。

Tシャツ

シャツ

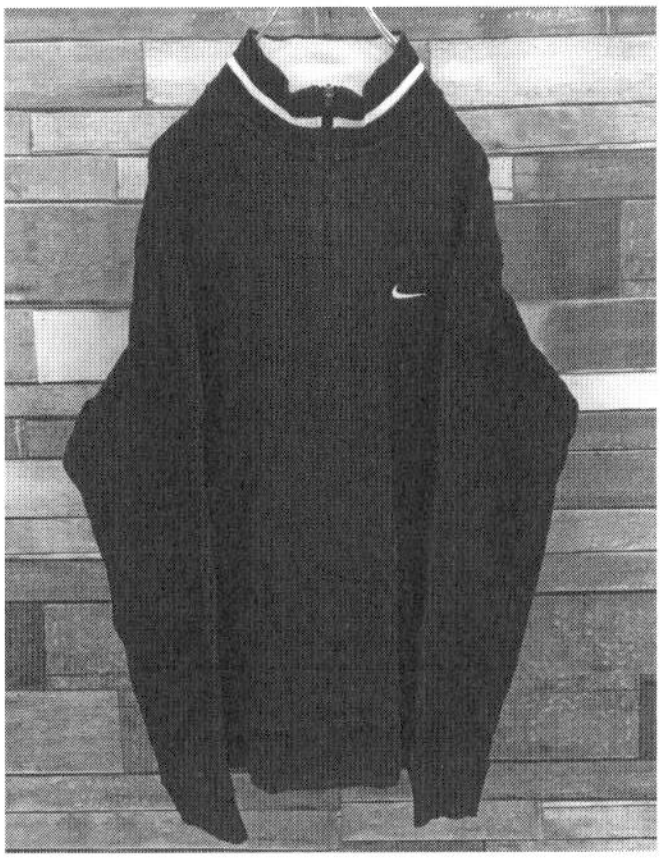

ジャージ

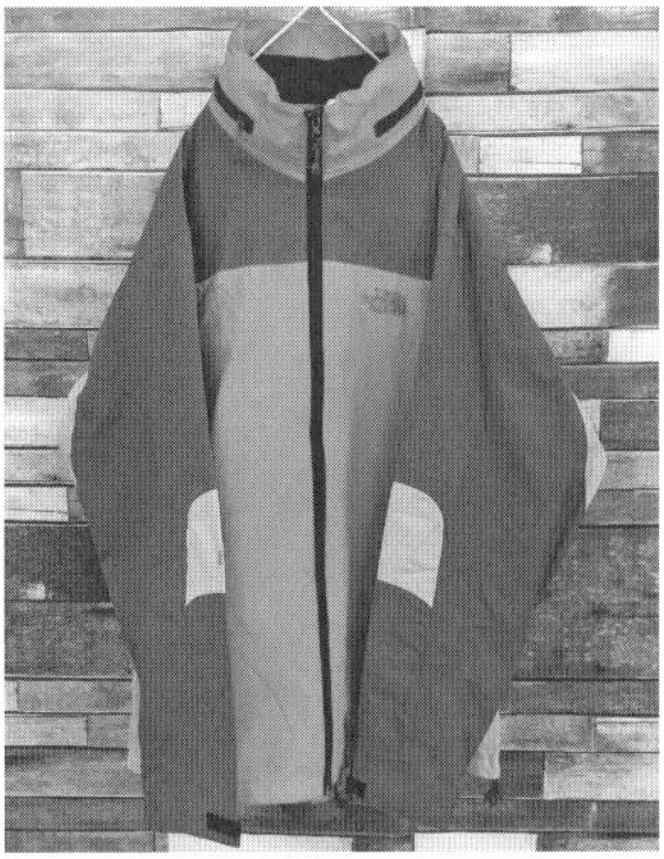

ナイロンジャケット

古着転売はライバルがいないブルーオーシャン

古着転売は、その稼げる可能性の高さを考えると不思議なほどに同業者、競争相手、ライバルがいないビジネスです。

なぜ稼げるビジネスなのにもかかわらずライバルがいないのか？　を考えてみましょう。古着転売初心者の方からよくいただくご相談に、「古着転売をやってみたいけど、なんとなく難しそうで自分にできるか不安です」というものがあります。あなたももしかしたらそう思っているかもしれません。しかしこれははっきり申し上げて、間違った先入観です。漠然としたイメージで未来の可能性がつぶれるのは非常にもったいないので詳しく説明します。

◉初心者が抱きがちな誤解

初心者の方が古着転売が難しそうだと感じてしまう理由は、主に2つあります。まず1つ目は、「服の知識がないとできないんじゃないか？」という誤解。実際は先述したように、服の形や素材の最低限の知識があれば古着転売で稼ぐことは可能です。僕はこれまでたくさんの方に古着転売の直接指導を行ってきましたが、**およそ9割以上の方々がファッショ**

ンの知識がありませんでした。しかし売り方を学ぶことで、多くの方が古着転売で稼げるようになっていきました。大事なのは服そのものに関する知識ではなく、どうやったらその服をお客様が欲しがるようになるのかということ。つまりマーケティングのスキルです。ファッションそのものの知識は不要なのです。

２つ目の理由が、「古着にはバーコードがないから、売れるかどうかが判断できないんじゃないか？　仕入れができないんじゃないか？」というものです。

これまでの転売ビジネスの常識として、バーコードの存在があります。しかし古着にはバーコードがありません。じつはこれがものすごく画期的なことで、古着転売というビジネスにライバルが増えにくい理由にもなっています。

わかりやすく説明するために、古着転売との比較対象として、僕自身経験のあるAmazon転売を例に挙げます。

◉「バーコード」の有無が転売にもたらす大きな影響

Amazonをプラットフォームにした転売ビジネスでは、家電製品やおもちゃ、古本やCD、DVD、ゲーム、キッチン用品などを商材に扱います。**これらの商材にはすべてバーコードがあります。**バーコードがあるということは、バーコードリーダーを使って読み取れば、誰でもモノレート（Amazonの商品ランキングや価格の推移がわかるサイト。

Amazon転売　転売といえばAmazon転売というほどメジャーな分、桁違いに参入者が多いです。Amazonで取り扱いがある商品であれば何でもよいため、その商品ジャンルは多岐にわたります。しかし近年はAmazon側が規約を変更し、個人の出品者を締め出す方針に傾いているため、今後は個人にとって厳しくなっていきそうです。

https://mnrate.com/）を見るとすぐにその商品が売れるか売れないか、利益が出るか出ないかがわかってしまうということです。

　バーコードがあるほうが誰でも簡単にできそうですが、じつはここに大きな落とし穴があります。Amazon転売はバーコードリーダーで商品の情報を読み取り、利益が出る商品が見つかれば、日本全国にいる転売ヤーがいっせいに飛びついて仕入れ、出品することになります。するとAmazonに需要を上回るほど過剰にその商品が供給されることになり、結果として**地獄の値下げ競争が始まります。**

◉マーケティングスキルを身につけて真の安定を手に入れる

　1円でも安い値段に設定した人の商品が売れるので、利益を減らしてでも値下げをしないといけなくなります。在庫をさばくために赤字で売り切らないといけないケースも出てきます。Amazon転売で稼ぐどころか負債を抱え失敗してしまう典型的なパターンです。

また、利益が出る商品は刻々と変わっていくため、常に探し続けないといけませんし、それをいくら繰り返したところで、「どうやったらモノは売れるのか？」という本質的なビジネスのスキルを獲得することはできません。いまは運よくAmazon転売で稼げていたとしても、もしAmazonが転売ヤーを締め出してでもしたら突如としてお金が稼げなくなるということです。とても安定とは言いがたいと思いませんか？

1円でも安い値段に設定した人の商品が売れる Amazon転売には「カートを取る」という用語があります。Amazonのショッピングカートを獲得することを指し、獲得できると商品ページの一番目立つところに露出されるため最も売りやすくなります。逆にいうと、カートを取れないと売上に深刻な影響が出るということです。最安値の商品がカートを取りやすいため、カートをめぐって熾烈な値下げ競争が繰り広げられます。

古着転売とAmazon転売の比較

古着

バーコードなし
・値下げしなくてもよい
・ライバルが増えにくい
・プラットフォームに依存していない
・マーケティングが学べる
・ほかのビジネスに応用可能

Amazon

バーコードあり
・値下げ競争が熾烈
・ライバル多数
・Amazonの規約にビジネスが左右される
・利益率が低い

先ほど述べた、「古着転売にはバーコードがない」ことが転売ビジネスの中でいかに画期的であるか、また僕たちにとって大きなメリットになるかということがわかっていただけたでしょうか。**バーコードがないということは、「この古着がいくらで売れるのか？」がわかる人とわからない人に分かれることを意味します。**同じ古着を売っても、Aさんはいつも高く売れているのに、Bさんは値下げをしてもなぜか全然売れないという事態が起こります。

つまり古着転売は、「どうやったらモノは売れるのか」という本質的なビジネスのスキルを身につけるのに打ってつけなわけです。いまAmazon転売で稼げていたとしても、それは商品やAmazonというプラットフォームの力であって、販売者の力で売れているわけではありません。もしその商品が何らかの理由で出品できなくなったら、その瞬間から売上が立たなくなります。**売り方を知らない限り、常に**

不安もリスクもつきまとうのです。

⊙古着転売が自信と安定を生んでくれた

僕自身、古着転売を始める前はマーケティングのマの字も知りませんでした。だから最初は全然売れなくて悩みました。「服を売ってるんだから、売り方を勉強すればいいんじゃね？」と勉強を始めたところ、面白いように売れるようになりました。マーケティングを学んだ結果、古着以外も売れるようになり、古着屋の経営者、リサイクルショップの経営者、行政書士、一部上場企業の営業マン、整体師、セラピスト、アフィリエイターなど、いろいろなジャンルの自営業者や法人から売上をあげるためのコンサルティング依頼も受けるようになりました。

いつでも、どんな商品でも売れるようになるというのは、僕にとってものすごく大きな自信と安定を生みました。**一生食いっぱぐれないことと同義だからです。**

勉強しない人はいつまでたっても稼げない、または売上が安定しないために古着転売から退場せざるを得ません。古着転売が、ライバルが増えないブルーオーシャンである理由です。本書を手に取ったあなたは勉強する意欲に満ちています。この本を読み終えるには3時間ほどあれば十分です。読み終わったころには、きっと読む前とは見える世界が変わっているはずです。

マーケティングのマの字も知りませんでした　古着転売を始め、「売ることには一定の法則がありそうだ」ということに気づいてからマーケティングを学び、実際に売れるようになりました。周りに売れなくて困っている人が大勢いたので、マーケティングを教えるようになりました。できることが増えるにつれてビジネスは拡大していきます。古着転売がそのきっかけになれば嬉しいです。

わずか1年で月収100万円を稼いだ人たち

僕は2016年に古着転売ビジネスを始め、同時にマーケティングを個人事業者や法人に教えるコンサルタントとしても活動しています。これまでに累計で2500人以上の方に古着転売を教えてきたのですが、その中でも特に印象深い2人の塾生の方を紹介します。

1人目がHさん。彼は、とある地方都市に住んでいる30代の会社員でした。交際している女性との結婚を考えるにあたり、会社からの収入だけでは何とも心細く、会社員をしながら空いた時間でできる副業を探している2018年の1月に僕と出会いました。早速古着転売の基礎からみっちり教え、僕のコンサルを受けた最初の月に9万円の利益、次の2月に15万円弱の利益を出しました。そして約半年がたった8月には40万円の利益を出すことができ、その時点で**会社の給料を超えてしまいます**。

それからは古着転売というビジネスそのものの「仕組み化」に取りかかり、自分の手を離れても自動で毎月収入があがるようなビジネスモデルを組み上げます。そして12月に

古着転売の基礎からみっちり教え この当時は、車で一緒にリサイクルショップを回りながら仕入れを教えるスタイルを取っていました。服を見ながらアドバイスができ、その場で質問にも答えられるので参加者から好評でした。現在は卸業者の倉庫に同行するサービスに変えています。車で回る時間を省略した分、より仕入れに集中できる環境を整えることができました。

80万円の利益を出し、ちょうど1年たった２０１９年1月には利益が１００万円の大台に乗りました。売上ではなく、利益ですよ。

いまでもHさんは会社員をやりながら古着転売を続けており、毎月安定して１００万円程度の月収を維持しています。もともと会社員の仕事にやりがいを感じていて、辞める気はなかったとのことですが、古着転売をきっかけに起業にも興味を持ち、新しいビジネスを始めるための準備をしているそうです。

２人目はSさん。Sさんは専業主婦で、育児のかたわら自分でも稼ぐ力を身につけたいとのことで２０１８年の９月に出会いました。Sさんは女性ということもありレディースアイテムを幅広く扱いました。すると初月からあれよあれよという間に20万円の利益を出し、**古着転売を始めて7カ月後には94万円を稼ぎ、８カ月後には１００万円を突破しました。**

それからは彼女も仕組み化を取り入れ、自動で古着転売ビジネスを回しながら現在は輸出ビジネスにも取り組んでいます。もともと彼女自身は、月収30万円くらいでいいかなと考えていたとのことですが、想像以上に利益が出たことによって目標が大幅に上方修正されました。

利益が100万円の大台 会社員として働きながら100万円の利益を出す。一見すると不可能に思えますが、彼も本書で書いている以上のことをやっているわけではありません。232ページで書いている「作業の効率化」に取り組めば月収100万円も到達可能な数字です。自力で20万円稼げるようになり仕組みを整えれば、あとは仕入れにお金を使うだけです。そこまで行くと副業で100万円は遠い目標ではありません。**レディースアイテム** ブラウスやワンピースなど、古着男子ではなく古着女子（83ページ）にターゲットを絞り込んだ戦略が奏功しました。レディースはデザインの見極めが難しいものの、仕入れ単価が安く、回転率も利益率も悪くないためリサーチして挑戦してみるのはアリです。

おふたりを見ていて思うのが、**稼ぐ力を身につけるということは「自由を手に入れる」こととイコールなのだということです。**金銭的にはもちろん、肉体的にも精神的にも自由になるのです。Hさんは副業で始めた古着転売が本業である会社員の給料をはるかに上回りながらも、会社員の仕事をやりがいを持って楽しく続けています。Sさんは古着転売で学んだマーケティングスキルを輸出という別ジャンルのビジネスに応用し、さらに収入を伸ばしています。2人とも「好きなこと、やりたいこと」を中心に楽しく、ストレスなく働いています。この自由さこそが、古着転売を学んで得られた最も素晴らしいことではないでしょうか。

◉マーケティングを駆使して圧倒的に売りまくる

マーケティングとは「モノを売るスキル」のことです。車を売る、テレビを売る、コーヒーを売る、家を売る、スキルを売る、経験を売る。最も基本的な、すべてのビジネスになくてはならない必須のスキルです。本書では、古着転売を通じて「どうすればモノが高く売れるのか？」というノウハウをわかりやすく伝えていきます。難しいことはありません。専門用語もほとんど使いません。

古着転売で扱う古着に、まったく同じ商品はほぼありません。そのほとんどが「一点モノ」です。ほかの誰かがネットに出品している服とまったく同じデザイン、ブランド、サ

会社員の仕事をやりがいを持って楽しく続けています 僕は会社員の経験も経営者の経験もありますが、ストレスなく、楽しく、本人にとってやりたいことができればどのような働き方でもいいと思っています。会社員がダメだとか、経営者こそ最高だとか、そんな極端な見方はしていません。副業の収入が本業を超えてもいいし、それで本業にプラスの効果があれば会社を辞める必要はまったくないと思います。

イズ、状態……そのような商品は逆に見つけるのが困難です。

たとえば、大量生産された、まったく同一の商品をライバルに負けじと売らないといけないとき、どうすればあなたのモノは売れるでしょうか？

このときに誰でも思いついて最も簡単なのが「値下げ」をすることです。値段が安いことは、まったく同じ商品を扱うならば購入するお客様にとって最もわかりやすいメリットだからです。そうすると、一番安い値段をつけている人の商品が売れるため、皆がこぞって値下げをすることになります。

しかし僕はマーケターとして、**意味のない値下げは最もしてはいけないことだと考えています**。集客や経験のためといった戦略的に行う値下げには意味がありますが、売れないからといって安易に値下げをするのはやめたほうがいいです。

理由は単純で、利益が減るからです。ビジネスの目的は「金銭的な利益を得る」ことですよね。何の考えもなく値下げしてしまうと、当然ですがあなたの手元に残る利益が減ってしまいます。それだけは避けねばなりません。だからこそマーケティングを学び、値下げ以外のアプローチでどうすればモノが売れるのか？　ということを本書で学んで欲しいのです。モノが売れる仕組みを理解すればビジネスはとても楽しくなります。

値下げ たとえばフォロワーを集めたい、在庫処分して現金化したいなど意図や目的があって値下げするのはもちろんかまいません。どんどんやるべきです。しかし、売れないからといって売れない理由を分析せずに安易に値下げすることは、ただただ利益を減らすだけなので避けるべきです。

ほかのネットビジネスと比較したときの古着転売のメリット

古着転売に参入して稼ぎ続けている人たちの中には、僕も含めてほかのネットビジネスを経験している人が多くいます。その経験やこれまでの聞き取りを踏まえ、古着転売のメリットを代表的なネットビジネスと比較してお話しします。

◉アフィリエイトより古着転売はシンプルだ

アフィリエイトとは、簡単にいうと自分のブログなどで他人の商品やサービスを紹介・販売し、広告収入やパーセンテージを得る仕組みのビジネスです。難しさとしては、すでにアフィリエイトをやっているライバルが多く、いまから挑戦してもなかなか勝てないことが挙げられます。「育毛剤」「ダイエット」など稼げるキーワードには手強いライバルがすでにゴロゴロいるんですね。Googleで上位表示されている、ほんの一握りのトップ層だけが桁違いの金額を稼げる代わりに、ほとんどのアフィリエイターは労多くして報われずというのが現状です。

また、検索の順位をあげるためにSEOを勉強したり、SNSからの集客を勉強したり、

SEO「検索エンジン最適化」という意味です。Googleなどでキーワード検索したときに自分のブログが上位の順位に表示されればそれだけアクセスが増えるため、SEO対策はとても重要です。しかし一筋縄ではいかず、対策を行っても反映に時間がかかりますし、すでにその分野に強いライバルがいれば順位をあげるのは難しいです。特にアフィリエイト初心者がつまずきやすいところです。

広告を勉強したりと、ブログに読者を引っ張ってくる集客だけでも途方もない勉強量と時間が要求されます。そしてそれらのノウハウは日々更新され続けるので、常に情報のアップデートが必要です。

このような努力を重ね、頑張って上位表示ができたとしても、気まぐれなGoogleの検索アルゴリズムアップデートで、突然検索圏外にすっ飛ばされることもあります。ちなみに僕がやっていたのは「サイトアフィリエイト」という、特定の商品を販売することに特化したブログを大量に作っていく手法でした。数撃ちゃ当たるの、戦略でも何でもないやり方です。２カ月ほどかけて１００個以上のブログを作りまくったのですが、ほとんど誰からも読んでもらえず、その理由もわからず、当然収入もまったく得られず……。２カ月働いて収入ゼロという悲惨な結果に終わってしまい後悔しました。

◉古着転売はメルカリを見れば正解が載っている

アフィリエイトは、**どうやれば結果が出るのか？　という正解がわかりにくいことも個人的に辛かったです。**コツコツとブログを作っていても結果が出ないとき、なぜ結果が出ないのかがわかれば修正できますが、なぜ結果が出ないのかがわからないのでしんどいのです。現状を打破するためにどうすればいいかわからないため、ほとんどの人が途方に暮れてしまいます。

途方もない勉強量と時間　古着転売は安く買って高く売るだけなので、マーケティングを勉強すればOKです。しかし初心者がアフィリエイトに取り組む場合、まずドメインを取ってサーバーと契約という段階からチンプンカンプンになることが珍しくありません。苦労してスタートラインにたどり着いても、そこから勉強することはまだまだたくさんあります。

古着転売とアフィリエイトの比較

古着

- **やることがシンプル**
  →お店で安く仕入れてネットで高く売る
- **売れない理由がわかりやすい**
  →ほかの売れている出品者を研究できる
- **服好きならやっていて楽しい**
- **成果が出るのが早い**
- **ライバルが少ない**

アフィリエイト

- **学ぶことが多く、複雑**
  →SNSからの集客、SEOなど大変
- **売れない理由がわかりづらい**
  →後発組はなかなか勝てない
- **興味のないモノを売っても楽しくない**
- **少なく見ても半年以上かかり、時間をかけても成果が出ない人がたくさんいる**
- **ライバルが多い**

ブログに集客できない、いつまでたってもアクセスが少ない。なぜだ？　SEOが弱くて検索順位が下位だからなのか？　キーワードの選定がおかしくて誰も検索していないのか？　ライバルが強すぎてかなわないのか？　その全部なのか？　それともほかに原因があるのか？　どこから手をつければいいんだ？

多くの初心者はここで挫折してしまいます。僕も迷路に迷い込んだような気持ちになり、やっていく気力が萎えました。僕は根性がないのです。その点、**古着転売はメルカリを見れば正解が載っています。**5000円で売れている古着があったとして、それとブランドやデザイ

僕は根性がない　たまに勘違いされるのですが、僕が人より優れているポイントはないです。古着転売を諦めなかったのも、諦めたら会社員に戻るしかなく、協調性がない僕はそれだけは絶対に嫌でした。根性があったのではなく、追い詰められていただけです。

ンに共通点がある服を仕入れることができれば、まず売れるという見当がつきます。売れている出品者を見れば、自分の販売ページとの違いが一目瞭然でわかります。現実にメルカリで古着をたくさん売っている人がいて、それをじっくり分析することができるため、ビジネス初心者でも売れることが実感としてわかりやすいわけです。

◉Amazon転売より利益率が断然いい

「転売」といえばAmazonを販路にしたAmazon転売を連想する人も多いでしょう。5000万人のユーザーがいるAmazonというメガ・プラットフォームで、家電、おもちゃ、ゲーム、CD、キッチン用品、ベビー用品などを扱う転売ビジネスです。リサイクルショップや大型家電店で仕入れ、ネットで売るという流れは古着転売とも似ています。しかし31ページでも触れたように、Amazon転売で扱う商品はすべてにバーコードがあるため、**利益の出やすい商品にライバルが殺到し、あっという間に値崩れを起こし、赤字になっても損切りで売るしかないという状態に陥りがちです。**

ライバルの多さ以外の視点でも古着転売と比較してみましょう。まず、利益率の面から。一般的にAmazon転売の利益率は新品で平均10％前後といわれています。古着転売の場合は平均40％ほどです。なぜこのような差がつくのかを考えてみます。Amazon転売の場合、扱う商品には定価があります。これはつまり、売れる値段の上限があらかじめ決ま

利益率 利益率（％）＝利益÷売上高（販売額）×100
たとえば販売額6,000円で1つ売ると利益が3,000円の商品の利益率は50％。ほかの転売に比べ古着転売は利益率が格段によいのが特徴です。

っていることを意味します。よほどのプレミアがついている場合を除き、新品の定価が３０００円の商品をそれより高い４０００円で買おうとはまず思いませんよね。

一方で、**古着には定価がありません**。もちろん、その服が新品で売られていたときに定価はあったのですが、古着になった瞬間にそのときの流行や服の状態などの外的な要因でその服の価値が変わります。いまあなたが着ている服も、いまネットでいくらの値段で売れるのか厳密にはわかりませんよね？　来年はその服がブームになり、価値が10倍になることだってあるかもしれません。

ちょっとメルカリを覗いてみれば、同じような服が出品者によって１０００円で売られていたり、５０００円で売られていたりするのがわかると思います。古着転売の面白みと可能性がここにあります。つまり、あなたの売り方次第でその古着は安くも高くもなるのです。

⊙仕入れ単価が安いからストレスなく取り組める

そして次に、**「仕入れ単価の安さ」も古着転売の見逃せないメリットです**。恥ずかしい話ですが、僕が古着転売をしようと思ったきっかけはまさにこれで、仕入れにかかるお金が安く済んだからです。

古着は安いものでは１００円そこらで仕入れができます。１００円で仕入れたＴシャツを１０００円で売れば５００円程度の利益が取れます。Amazon転売の場合、先ほどいったように利益率が低いため、５００円の利益を得るためには５０００円で仕入れ、６０００円で売るようなことをしなければなりません。その５０００円があれば、古着なら10着仕入れられるのです。５００円で仕入れた服を２０００円で売れば１０００円程度の利益になります。５０００円分仕入れればそれだけで1万円程度の利益になるわけです。仕入れ資金が乏しかった僕からすれば、古着転売の仕入れ単価の安さはとても大きなメリットでした。

Amazon転売で利益を出すためには多額の資金を回す必要があります。Amazon転売をやっていた僕の知り合いのほとんどは、クレジットカードを何枚も契約し、限度額いっぱい、数百万円のお金を毎月動かすことで何とかやっている状態でした。それでも商品が思いどおりに売れていき、何とかやっていけているうちはいいのですが、たとえば病気や怪我で作業が滞ってしまったら。これまで売れていた主力商品がAmazonの規約により販売できなくなってしまったら。災害など不測の事態で仕入れがストップしてしまったら。どんな理由でも、カードの引き落とし期限までに資金が底をついてしまえばアウトです。だからAmazon転売は、毎月のカードの引き落とし日がとんでもなくストレスだという話も数多く聞きました。古着転売の場合はそもそも仕入れ単価が安く、大きなお金を動かすこともないのでそのようなストレスとも無縁です。

毎月のカードの引き落とし日がとんでもなくストレス 多くの元Amazon転売ヤーから話を聞きましたが、まさに自転車操業という印象でした。カメラの転売をヤフオクでするなど、仕入れ金額がどうしてもかさんでしまうジャンルの転売にもありがちです。古着は仕入れ金額もたかが知れているので、その心配がないのもメリットです。

column

古着転売を始める前のしーなは何をしていたのか

僕は読書が好きな少年でした。内気で協調性がなく、人とのコミュニケーションが苦手。友だちと遊ぶよりは1人でいるのが好きな性格でした。頭は決してよくはなく、将来やりたいこともなかったので、両親にいわれるがまま都内の三流私立大学に進学しました。

生活のためにいろんなアルバイトをしましたが、どこに行っても長続きしない。要領が悪く仕事を覚えるのが遅い。バイト仲間と打ち解けることもできない。だんだん居心地が悪くなっては辞めることの繰り返しで、「バイトすらろくに務まらない自分が、会社員として社会に出てやっていけるのだろうか」と真剣に不安を覚える日々でした。

1日だけやった引っ越しのアルバイトでは、あまりに自分が役立たずであったために、仕事の半ばで社員から**「帰っていいよ」「お前みたいなやつはどこに行っても通用しない」といわれました**。でもそういわれても仕方ないと自分でも納得してしまうほど、僕は体力も能力もありませんでした。

結局、大学生活の終盤になってもやりたいことは見つからず、本当に「なんとなく」「とりあえず」で同級生のみんなと同じように中小企業に就職しました。こんな僕が働いていけるのかと不安な気持ちでいっぱいでしたが、やはりその不安は的中。正社

あまりに自分が役立たず 非力で体力がないので「軽作業」のアルバイトに応募したところ、肉体を酷使する引っ越し作業に駆り出されました。冷蔵庫や洗濯機などの重い荷物は持てず、自分でも持てる荷物を運んでいたら、社員にとてもぞんざいな扱いを受けました。いろいろな意味で嫌になった出来事です。

員はアルバイトとは比べものにならないほど責任が重くのしかかり、出来の悪さからすぐに上司に責められるようになり、たちまち僕は精神的に追い詰められてしまいました。「やっぱりな。思ったとおりだよ。俺には会社員なんて務まるわけがなかったんだ」「でもどうすりゃいいんだ？　会社辞めてもできることもやりたいことも何もないのに」と思い悩む日々でした。

　ある日、いつものように上司に「お前なんかこの会社に必要ないよ」といわれ、張り詰めていた糸がプッツリと切れた僕は、半ば衝動的に会社を退職し、自宅に引きこもるようになります。とはいえ貯金があるわけでもなく、会社員として再び社会に出る勇気も自信もなく、インターネットで「ネット　稼ぐ」などと検索していました。そこでアフィリエイトや転売といった働き方を知ることになります。

　無知だったので最初はめちゃくちゃ怪しいと思いましたが、**ワラにもすがる思いでネットビジネスに挑戦したことが人生の転機になりました**。「会社という組織に属さなくても生きていく道がある」。それは僕にとって福音以外の何ものでもありませんでした。その日以来、追い詰められていた僕はネットビジネスを勉強しまくり、古着転売に出会い、マーケティングを勉強していくことになります。

ネット　稼ぐ　あまりにも情報弱者だったせいで、ネットで稼ぐ方法はすべてが「あなたに1億円プレゼント!」的な詐欺だと思っていました。確かにそういうものもありますが、注意深く探していった結果正しい情報にめぐり合うことができました。そもそも転売もアフィリエイトもビジネスモデル的には何ら怪しいところはありませんが、そんなことすらも無知すぎる僕はわからなかったのです。

第1章 具体的な古着転売の流れと事前準備

STEP1：スタート

第1章 具体的な古着転売の流れと事前準備【STEP1:スタート】

たったこれだけで終わるから副業の第一歩としておすすめなんです
なるほど…それなら僕にもできそうです！
でも僕フリマアプリなんてやったことないんですよね
事前に色々と用意しないといけないのでは…
ちょっと大変そう…
フリマアプリって始めるのに準備が大変と思いがちですが
用意するものは身近にあるものだけでOKなんです！
ゴソゴソ
そうなんですね！何を用意すればいいんですか？
用意するものはスマホ、ハンガー、メジャー…とりあえずはこれだけでOKです
とりあえず用意するもの
スマホ
メジャー
ハンガー
えっ！これだけでいいんですか?!

最速で結果を出すサイクルは勉強→行動→勉強→行動

「よし、古着転売のことはだいたいわかった。じゃあ早速、古着を仕入れに！」。ちょっとお待ちを！ 一刻も早く古着転売をやりたい気持ちはよくわかりますが、その前に、すぐに成果を出すためにとても大事な考え方をお伝えします。

僕は古着転売コンサルタントとして、これまでたくさんの方に教えてきました。その中で、古着転売を学んですぐに結果が出る人と、なかなか成果に結びつかず伸び悩む人について比較してわかったことがあります。

なぜ同じことを学んでいるのに結果に差がついてしまうのか。とても簡単です。すぐに結果が出る人は**「まず徹底的にインプットし、そのあとに行動している」**。これだけです。すぐに思いどおりの結果を出す人は、仕入れに行きたい気持ちをグッとこらえて、例外なく、**まず勉強に時間を割いています**。簡単そうですがやってみると意外にこれが難しい。なぜ難しいのかというと、焦ってしまうからです。すぐに結果を出したいあまり、まだ知識が定着していないのに焦ってリサイクルショップに突撃してしまいます。そして何も仕入れることができず、モチベーションが下がって挫折します。何事も急《せ》いては事を仕損じ

一刻も早く古着転売をやりたい気持ち 古着転売は「継続すること」が鍵です。地道に続けることさえできればきっと結果が出ます。「すぐにやりたい」気持ちは大切ですが、気持ちはだんだんと消えていくもの。やる気はなくなってしまいます。長く続けたいのであれば感情で動くべきではありません。そういう意味でも、まずはじっくり知識を吸収することを優先して欲しいです。

すぐに結果を出すために

OK	NG
まず **インプット** を徹底する	知識が定着していないのに 仕入れに行く
人に「すらすら話せる」くらいが目標 →人間はすぐに忘れてしまうから 繰り返しインプット	→やっぱり仕入れられない →「難しいな」「よくわからん」 →モチベーション低下で、挫折

る。焦らずまずは勉強することが結局は近道です。

◉「人に話せるくらい」を目標にしよう

結果が出るのが遅い人は、たとえば本書をサーッと流し読み、仕入れに出かけます。でも**流し読みでは知識として頭に定着していません**。たとえば今朝読んだネットニュースやまとめサイトの記事を、次の日にあなたは覚えているでしょうか？　残念ながら僕は覚えていた試しがありません。そのニュースを閉じた瞬間に「あれ、いま何読んでたっけ？」ということすら日常茶飯事です。「エビングハウスの忘却曲線」という心理学の実験がありますが、その実験によると、**人間は今日覚えたことの7割を翌日には忘れているそうです**。

流し読みでは知識として頭に定着していません　アウトプットすることでインプットは定着します。だから他人にすらすら話すことができるまで学ぶことが重要です。アウトプットの手段は、家族や友だちに話してみるのがいいでしょう。メモや感想をノートに書いたり、目をつぶってブツブツつぶやくことなら1人でもできますね。

それほど人は忘れやすい生き物なのです。

つまり、一度本書を流し読んだ状態で仕入れに行っても、読んだ内容をほとんど忘れてしまっているため、何も収穫がなく引き上げるはめになる可能性が大なのです。そうすると、「やっぱなんか俺には難しかったわ」とか「古着転売よくわからんな」となり、モチベーションもだだ下がりになってしまいます。せっかくのあなたのやる気を、踏み出した最初の一歩で失ってもらいたくないのです。

では具体的にどのくらい勉強したらいいの？　というと、**「他人にすらすら話せるようになるまで」が理想です。**

人は自分が知っていることについてはいくらでも話せますが、知らないことについては話せませんよね。僕はマーケティングや好きな本については延々としゃべれますが、政治や国際情勢については知識がないのでまるでしゃべれません。

何も知らない友人や家族に、「古着転売というのはね……」とペラペラと話ができるくらいまで勉強してみてください。自分が教える側になったつもりで学ぶのがベストです。話せるようになる、イコール知識として完全に定着したことの証です。

知識なき行動は徒労に終わります。お金や時間を損しないために、また確実に知識を身につけ成長するために、焦らずじっくりインプットに励んでください。

ビジネスモデルを理解することのメリット

古着転売のビジネスモデルについて説明します。古着転売ではどんな作業をするかというと、**「仕入れ」と「販売」と「発送」です**。古着をリサイクルショップなどで「仕入れ」、仕入れた古着をメルカリなどのフリマアプリで「販売」し、古着が売れたらお客様のもとに「発送」する。これで1つのサイクルが完了です。じつにシンプルです。あらかじめビジネスモデルを理解しておくことで、行き詰まったり壁にぶつかったときに**「自分はどこで行き詰まっているのだろう?」ということが振り返りやすくなります**。

たとえばあなたが、仕入れた古着がどんどん売れていくけれど、時間が取れなくて仕入れができず、在庫の確保が難しくなっているとしましょう。そのときに古着転売のビジネスモデルが頭に入っていると、販売はできているけど仕入れができていないことが自分で客観的に理解できます。「売れ行きは上々だから、マーケティングの知識は頭に入ってきているということだな。いまの課題は仕入れだ。仕入れをどうにかして安定的に確保する必要があるな。仕事が忙しくて時間が取れないから、仕入れを誰かに任すことはできないだろうか?」という発想になるでしょう。そうすると答えはおのずと絞られてきます。

客観的 ビジネスは買ってくれるお客様がいてはじめて成立します。よって、いかに客観的に売り手である自分を見られるかが大事になってきます。お客様を知ることと同様に、古着をたくさん売っているライバルをリサーチして、自分の販売ページとどこが違うのかを常に考えましょう。

「それだったら古着を卸している会社をどこからか見つけてきて、まとめて大量に仕入れる交渉をしてみるか。それともアルバイトを雇って古着転売の仕入れ方を教えて自分の代わりにリサイクルショップやフリーマーケットを回ってもらうか。それか、韓国でも古着は仕入れられるみたいだから、よく韓国にショッピングに行ってる友だちについて行って観光がてらまとめて仕入れるか。うーん、この中からいまの自分にできそうなのはどれかな……」という風に。**全体像を把握しておくことで、自分が伸び悩んでいるときに客観的になることができ、解決策が思いつけます。**頭に入れておいてくださいね。

⦿古着転売の3つのパート

古着転売は、リサイクルショップ、フリーマーケットが主な仕入れ場所になります。慣れないことなので最初は大変に感じるかもしれませんが、古着転売の知識が深まり、仕入れた服が毎日のように売れていくようになり、購入してくれたお客様から喜んでもらえれば、仕入れが宝探しのように楽しくて仕方がなくなってきます。とてもやりがいを感じるパートです。ただし、リサイクルショップであればどこでも仕入れができるわけではなく、立地やチェーン店の性格によって販売している商品のジャンルや値段が変わってきます。

このあとの第3章で詳しくお話しします。

韓国 韓国でも古着を仕入れられます。ソウルの広蔵市場と東廟フリーマーケットが有名です。どちらも日本国内の古着バイヤーが買い付けに行くほどのクオリティで、ストリート系のブランドが多い印象です。韓国への渡航費は安いので、一度の仕入れで利益が取りやすいです。

古着転売の流れ

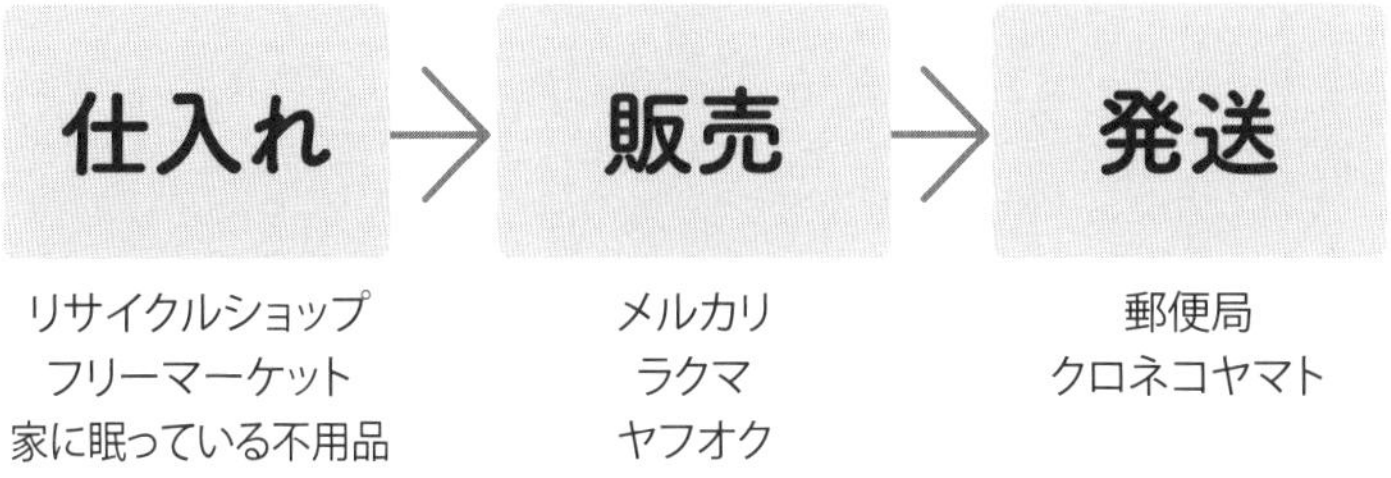

仕入れができたら次は販売です。**人気のある古着、レアな古着であればいくらでも売れていくのかというと、決してそうではありません。**販売が上手くないがために、人気のある古着であっても相場より値段を安くしないと売れなかったり、そもそもお客様にその古着のよさが伝わらず見向きもされなかったりということが起こります。

商品の魅力だけに頼りきって販売していると、もしその商品が何らかの事情で仕入れられなくなったときにビジネスがストップしてしまいます。仕入れももちろん大事なのですが、並行して販売力＝マーケティング力を身につけましょう。販売力を身につけることによって、商品そのものの魅力だけに頼らない売り方ができるようになり、古着転売以外のビジネスにも応用ができるようになります。

本書で扱う古着の主な販路はメルカリ、ラクマ、

ラクマ　楽天が運営しているフリマアプリです。基本的な使い方や客層はメルカリとほとんど変わりません。手数料が販売価格の3.85%で、メルカリよりも安いことが魅力です。

ヤフオクです。後ほど詳しく説明する「ターゲット」によってどこで売るのが最適なのかが決まります。

販売ができたら、最後に発送作業を行い、1つのサイクルが終了です。**サイクルが回り出せば、さらに踏み込んで、効率化や自動化についても考えることができます。**発送はこの3つの過程の中では最も簡単で、郵便局やクロネコヤマト、コンビニに持っていけばOKです。

◉ビジネスモデルをさらに深掘りする

こうして古着転売ビジネスを細分化することによって、ずいぶんハードルが下がったと思います。ハードルを下げることによって作業に取り組みやすくなり、挫折しにくくなります。副業は誰にも強制されないですし、サボっても誰にも怒られないので、**いかに自分ひとりで継続して取り組めるかが鍵になります。**

副業で10万円を稼ぐことがテーマの本書ですが、それ以上稼ぐためのヒントもあちこちに散りばめています。10万円稼げたら大したものですし、その先に20万、30万、１００万……という世界があります。途中で諦めさえしなければ、誰でもたどり着ける目標だと僕は思っています。ハードル、どんどん下げていきましょう。

話は脱線しますが、いろんな商売のビジネスモデルを勝手に解剖しまくるのは、ビジネ

10万円稼げたら大したもの 10万円稼げたら、古着転売の一連の流れはすっかり頭に入っているはずです。それからさらに売上を伸ばすためには、その流れを大きくしながら効率化を考えるだけです。0を1にするのは大変ですが、1を10にするのはそれよりは簡単です。具体的には仕入れ金額を増やし、一連の作業にかかる時間を減らすための行動を考えます。

スの応用力をつけるためにおすすめです。やればやるほど、自分の頭の回転が速くなるのがわかると思います。たとえばスターバックスのビジネスモデルはどうなってるんだろう？　ドトールやタリーズなどのほかのチェーンとどこが違うんだろう？　みたいなことを妄想してみてください。あるいは自分がスターバックスの店長だったら、もしくはスタバのコンサルに入ったらどうやって売上をあげようか？　と。スマホを眺めている時間を、そんなことを考える時間に変えるだけで生活が変わりますし、それからまた古着転売に考えを戻すと、新たなアイデアが思いつくかもしれません。

そういえば、この前スタバでコーヒーを買ったときに、店員さんにカップにメッセージを書いてもらって嬉しかったな。ああいう風に、自分も古着を買ってくれたお客さんが喜ぶような手紙を同封しようかな。どんなことが書いてあったら嬉しいかな？　たとえば、また買ってくれたら10%割引するとかどうだろう。リピーターになってくれるかもしれない。お客さんも安くなって得だし、自分もお得意様が増えたら楽になるし。それから、どんな商品が欲しいかアンケートを取ってみても面白いかも。仕入れられる古着の幅が広がったり、思いもよらなかった新たなチャンスにぶつかったりして。

このような感じで、遊び感覚で自由に想像を膨らませましょう。毎日同じようなことの繰り返しでつまらないなと思っていたことが、じつは思い込みにすぎないことに気がつきます。頭が柔らかくなります。**街中が自分を成長させるヒントだらけです。**

遊び感覚で自由に想像を膨らませましょう　難しく考える必要はありません。ご自身が好きなサービスや商品と古着転売を結びつけてみるのです。「この店はどういう人をターゲットに想定してるのかなあ」「あのサービスにはどういう意図があるんだろう」と妄想します。これに正解はありません。考えることが目的です。

古着を仕入れに行く前に準備すること

さて、古着転売を始めるにあたって事前に準備するものは、服のサイズを測るための「メジャー」、服を出品する際の写真撮影に必要な「ハンガー」。あとはスマホにメルカリなどのフリマアプリをインストールするだけです。家にあるものだけでとりあえず始めることができるはずです。メジャーはどんなものでもかまいません。服のサイズを測ることができればＯＫ、１００円ショップでも売っています。ハンガーも、とりあえず出品するだけであればどんなものでもかまわないのですが、商品の見栄えに関わってくるので、余裕があれば**高級感のあるものを準備しておくことをおすすめします。**１本だいたい１０００円も出せば、ファッション誌に出てくるようなおしゃれハンガーが手に入ります。

本書で想定している古着を購入するお客様は、10代後半から20代前半の男女です。ジャストサイズで着るのではなく、あえて大きいサイズの服をダボっとゆったり着る「ビッグシルエット」が流行していることを意識し、なるべく服をかけたときのシルエットが女性らしくなで肩に見える形のハンガーを使うとよいでしょう。ハンガーの素材は金属でも木製でもかまいません。ただし、お客様にチープな印象を与えてしまうのでプラスチック製

商品の見栄え ネットで商品を売るときは、見栄えに関して考えすぎるということはありません。写真が購入への第一歩になるからです。どうすれば見栄えがよくなるかを常に考えましょう。そのためにはInstagramのインフルエンサーを覗いたり、若者に人気で行列の絶えない飲食店に足を運んだりしてみてください。そのような異業種にヒントがあったりします。

は避けましょう。

「ハンガーなんてどうでもいいじゃん」と、古着転売初心者だったころの僕は考えていました。「だって売っているのはハンガーじゃなくて古着だよ？　関係ないでしょ」と。アホでした。確かにそれはそうなのですが、お客様は商品以外の雰囲気や世界観まできちんと見た上で商品を購入するか否かの判断をくだしています。また、かつての僕がそうだったように、大多数の人は売る側になった途端に、買う側の気持ちを忘れてしまいます。**一見どうでもいいところまでちゃんと考えて古着を売っている人はとても少ないです**。ライバルに勝つために、その他大勢から抜きん出るためには、みんなと同じことをしていてはダメなのです。お客様が自分のところで古着を買う理由をこちらで準備しなければいけません。それがたとえばハンガーにこだわることだったりするわけです。

流行のビッグシルエットを意識して、ゆったりなで肩に見える形のハンガーがおすすめ。プラスチック製は×。

ネットで古着を買うときに写真は重要な判断材料です。最も重要だといっても過言ではありません。だから、写真に映るものはハンガーはもとより後ろの壁紙に至るまで気をつかいましょう。同じ商品でも、写真が綺麗かそうでないかで断然、売上に差がつきます。

ハンガーも壁紙も、1000円や2000円の投資で済みますし、そのあともずっと活躍してくれます。**ぱっと見どうでもいいようなことを本気で考えることで、ライバルと差別化しましょう。**

◉アイロンと壁紙も用意しよう

ここで紹介するアイロンと壁紙はなくても始められますが、加えることで写真の見栄えがよりよくなります。まずアイロンです。古着を買うお客様には女性も含まれるため、「清潔感」が重要なキーワードになります。雑然とした部屋の中で商品を撮影すると、出品者の生活感が露骨に出るので敬遠されますし、ヨレヨレでしわくちゃのアイテムも、やはり清潔感が感じられないためどうしても売れるスピードが鈍ります。スチームアイロンを使い、シワを伸ばしましょう。衣類スチーマーであればハンガーにかけたままアイロンがけができるので便利です。

男性は一般的に、僕もそうなのですが、そんなに隅々まで状態を確認したりしません。「大きい穴があいてなければいいよ。古着ってそもそもそういうもんだし」くらいのノリで買う人も多いです。しかし**女性は清潔感に関してはシビアです**。大事なお客様を逃さないよ

清潔感 古着転売における清潔感を演出するには、古着そのものはもちろん、それ以外の写真に写り込むもの全体に目を配りましょう。また個人間のやりとりである以上、購入者は前に着用していた人のことを気にしています。タバコを吸っていない、ペットを飼っていないなど、清潔感をアピールできることがあれば販売ページに積極的に書きましょう。

スチームアイロン 高温で大量の水蒸気を衣類に当て、スチームとプレスでシワを伸ばすタイプのアイロンのこと。アイロン台を用いる一般的なスチームアイロンと、ハンガーにかけたまま使える衣類スチーマーの2種類に大きく分けられます。

うにしましょう。

壁紙もアイロンと同じ理由であると便利です。古着転売で売れないと悩んでいる人の多くが、ボロボロに破れた襖に服を引っかけて撮影していたり、カーテンレールに吊るしていたりします。あまりにも生々しい生活感が醸し出されていて、お客様も腰が引けてしまいます。これではせっかくの売れる古着も売れません。この生活感の問題を、壁紙は安価に解決してくれます。100円ショップに、おおよそ90センチ×45センチサイズの、シールで貼りつける壁紙が売られているので、数枚購入すれば簡単におしゃれな写真が撮影できます。濃い色のものは服が見えづらくなってしまうので、白やグレーなど色の薄い壁紙を使いましょう。

⊙発送に必要なもの

発送に必要なものは、畳んだ服を包む包装用のビニール袋と商品を入れる封筒です。どちらも100円ショップで売っているもので十分です。雨による水漏れを防ぐためにビニールに包むだけなので、特に細かいルールやテクニックはありません。

ヤマト運輸が提供しているのは、全国どこでも送料が一律で、幅広い大きさに対応できるらくらくメルカリ便。同じく送料全国一律で、小さいサイズがお得な日本郵便のゆうゆうメルカリ便。どちらの方法でも、出品者と購入者ともに匿名でやりとりができます。

壁紙は安価に解決してくれます 100円ショップで販売している、両面テープで貼れる壁紙がおすすめ。カメラを引いて撮ったときに余計なものが写り込まないようにするためにも、サイズは2メートル四方の面積を確保しましょう。両面テープは粘着力がそこまで強くないので、部屋の壁に直接貼っても問題ないことがほとんどです。もしも不安であれば段ボールなどに貼って代用しましょう。

試しに押入れに眠っている服を出品してみよう

本章ではここまで、「仕入れ↓販売↓発送」という古着転売のビジネスモデル、そして始めるにあたって準備しておきたいものなどを説明してきました。ある程度把握できたところで、出品作業に慣れるために押入れに眠っている服を1着、試しにメルカリに出品してみましょう。

作業に慣れることが目的なので、出品する服はどのようなものでもかまいません。もう飽きてしまった服、体型が変わってサイズが合わなくなってしまった服、趣味が変わって着なくなった服、穴があいて捨てようと思っていた服など、「これ誰が買うのかな？」と思う服でも気にせず出品してみましょう。いまは売れなくてもいいのです。売れないことを知ることも学びの1つですから。**よくないのは、売れなかったらどうしよう？　と考えて出品しないこと**。それこそ１００％売れません。ダメでもともと。〝とりあえず〟精神でハードルを下げてやってみましょう。

1着でも自分の手を動かして出品することで、わかることがたくさんあります。やってみたら思っていたより簡単で、出品作業は自分にもできるなという実感が持てたり、ここ

これ誰が買うのかな？ 特に状態に関してボロボロの服が売れることもあり、疑問を感じることがあると思います。裏地のコーティングがボロボロに剥離してしまったナイロンジャケットが売れたことがあるのですが、そのお客様はレインコートとして使うので裏地は汚くてもかまわないという話でした。先入観を抜きに試しに売ってみたら意外と売れて、知識やデータが手に入ることはよくあります。

だと写真が暗くなっちゃうから別の場所で撮影しないとな、と気づけたり。どちらもやらなかったらわからなかったことです。メルカリでたくさん服を売っている古着転売ヤーを見つけたらモチベーションもあがりますし、この人はこんなに売れているけど何が自分と違うんだろう？　と考えるきっかけにもなります。

ダメもとで出品した古着が、もしかしたら意外にもあっさり売れてしまうかもしれません。現在のトレンドは90年代ファッションなので、30年前に流行ったブランドやデザインがリバイバルでブームになっています。30年前の服が、押入れの奥深くで出番を待っていませんか？　時代遅れだと思っていたその古ぼけた服が、じつは最先端のファッションかもしれません。

古着転売をしなかったら、その古着はゴミにして出すか、二束三文でリサイクルショップに引き取ってもらう運命でしょう。断捨離のつもりで出品してみてください。家にある古着を出品するだけなので、仕入れの手間もお金もかかりません。もうすでに、あなたは売る商材を仕入れていたのです。お宝は最も身近な場所にあったということですね。

◉いくらで仕入れていくらで売る？

古着転売は仕入れ金額を安く抑えて始められるのもメリットの1つです。着なくなった服を売ればゼロ円で仕入れたようなものですし、フリーマーケットでは1着100円から

90年代ファッション　90年代に流行したファッションのスタイルが、現在若者を中心に再び支持されています。スケートボードなどのストリートカルチャーはもちろん、ヒップホップやグランジロックなど当時の音楽シーンからの影響が色濃いことも特徴です。

仕入れができたりもします。

服をいくらで仕入れればいいのか？　を考える前に、それが実際にいくらで売れているのか？　を先に考えましょう。幸い、**メルカリには売れている実績がいくらでも転がっています。**

あなたが仕入れにどれくらいお金を使えるのかというのも今後の戦略に関係してきます。というのも、仕入れに1カ月2万円しか使えない人（昔の僕です）と、1カ月に100万円使える人では大幅に戦い方が変わってくるからです。とはいえ、古着転売はスモールビジネスです。本書も月に10万円稼ぐことがテーマです。ですので、最初は仕入れにお金をかけない方向で話を進めます。

本書で扱う古着は、売る相手と商品が決まっているため販売額には大まかな目安があります。たとえば**Tシャツは2500〜4000円。スウェットは3000〜5000円程度が最も売れやすい価格帯です。**もちろん1万円以上で売れるTシャツやスウェットもありますが、そのような値段で売れるものばかりではないため、ここでは例外として扱います。

では、あるTシャツが3000円で売れるのであれば、同じようなTシャツを1000円で仕入れることができればメルカリの手数料（執筆時点では10％なので、この場合300円）や送料を引いても、ざっくり1500円は利益として手元に残る計算になります。

それが実際にいくらで売れているのか？　を先に考えましょう　「2,000円の利益が欲しいので、1,000円で仕入れた服を3,500円の値段で販売していますが売れません」といった相談をいただくことがあります。これは思考の順番が逆で、「3,500円が相場の商品を1,000円で見つけた。相場どおりの値段で売れたら2,000円の利益が得られるから仕入れよう」というのが正しい考え方です。

まずは出品してみよう

押入れにお宝が眠っている?

- 90年代ファッション
- 飽きてしまった服
- サイズが合わなくなった服
- 趣味が変わって着なくなった服
- 穴があいてしまった服

↓

出品すれば売れる可能性あり。売れなくてもOK！

- 作業に慣れることができる
- 出品することでわかることがある

商品ごとの大まかな相場

Tシャツ	2,500 〜 4,000円
シャツ	3,000 〜 4,000円
スウェット	3,000 〜 5,000円
ジャージ	3,000 〜 5,000円
ナイロンジャケット	3,000 〜 7,000円
ダウンジャケット	5,000 〜 10,000円

ブランドやデザインによってさらに高額で売れる可能性あり。

1カ月に10万円の利益を残すためにはTシャツを66着売ればいい、つまり1日2着売れていけばいい計算になります。

僕は本書の中で口酸っぱく「マーケティング」の重要性をお話ししますが、マーケティングスキルを自分のものにすれば、単価をあげることができます。**3000円が相場のTシャツを、いかにして4000円で売るか。**たった1000円の違いですが、1000円高く売れれば10万円稼ぐために40着売ればよくなります。1日1着と少しで届く数字です。

ちなみに仕入れに数十万円使えるのであれば、高単価で売れ、老若男女に安定的な人気のあるノース・フェイスやバーバリーなどのアイテムを大量に仕入れて売れば事足ります。これらのブランドはカッチリした相場があり、メルカリを利用する若年層にも支持されているためすぐに売れていきます。ノース・フェイスは街で着るために探している人や登山用に必要としている人がいるので、ターゲットを変えた売り方もできます。ただ、やはり同じ商品を仕入れるライバルが増えれば、商品力だけで戦っていると負けてしまうため、結局は売る力を身につけるのが最も強いことは確かです。

月に10万円稼ぐためのだいたいの目安は、Tシャツであれスウェットであれアウターであれ、**仕入れ値を500〜2000円程度に見積もることです。**そのくらいの値段で仕入れた古着を、2000〜6000円程度で販売するイメージです。

単価をあげる これができるようになるとビジネスがとても楽に回るようになります。1,000円の服を100着売るよりも1万円の服を10着売るほうが作業の負担が減り、時間も浮くからです。古着転売は、高回転のトレンド古着と高利益のニッチ古着を併売することで利益を最大化することができます。詳しくは第5章で。**登山用に必要としている人** ノース・フェイスは、もともとは本格的な登山用品を扱うブランドとして誕生しました。その高いスペックをタウンユースに落とし込んだことや、ストリートブランドとのコラボレーションなどにより現在は街着としても定着しています。登山と街着どちらの用途でも提案でき、さらに若者からも人気があるので積極的に仕入れたいブランドです。

column

「自分の力で稼ぐ」スキルが僕に与えてくれたこと

僕が新卒で入社した会社は、仕事ができれば年収１０００万円！というのが魅力の１つでした。裏を返せば、シビアに成績が給料に反映されるシステムで、仕事ができないと給料は下がる一方。実際、僕は仕事の能力がなさすぎて一度も昇給の経験がありませんでした。会社を見渡すと、年収１０００万円を超える人が少数存在しましたが、仕事ができない僕にとっては、この会社にいつまでいたところで将来が見えるものではありませんでした。

もし僕が、会社員として何とか上にいく努力をして、それが奇跡的に実を結んだとしても、**会社員では年収１０００万円が頭打ちという現実。**「年収１０００万。確かにすごいけどそんなもんか。でもいまの俺、年収２００万程度だから１０００万でも超すごいんだけど……」と、毎日出勤途中の満員電車で悶々と悩んでばかりでした。

そしてついに僕は会社を辞めることになります。自分で決断したというよりは、心身ともに限界を迎え、やむにやまれず逃げるように退職したのですが……。

それから、会社員には二度と戻りたくない一心で、半年間あまり必死にビジネスを学んだ結果、会社員時代の給料である月収15万円以上を、自分だけの力で安定的に稼ぐことができるようになりました。アフィリエイトに挫折し、転売を始め、古着を売っているときにふと浮かんだ、「モノってどうやったら売れるんだろう？」「何か法則や公式はあるんだろうか？」という素朴な疑問。その疑問はマーケティングを学ぶことで氷解し、じゃあ古着以外も売れるじゃん、という考えに発展し、個人事業者や法人の売上をあげるコンサルタントになり、YouTuberのプロデュースをするようになり、気がついたら年収が３０００万円を超えていました。会社員のころの自分からは想像もつかない変化でした。

僕はいろんな意味で、能力の高い人間ではありません。コミュニケーション能力が低く、学生時代はいじめられた経験がありますし、何をするにも手際が悪く、両親はいつも僕の将来の心配をしていました。しかし、**「自分だけの力で稼ぐ」スキルを持ったことは、僕にそれまでにない自信を与え、本当に自分がやりたいことを探す余裕も生まれました**。

もしあなたが現状の働き方に不満を持っているのであれば、軽い気持ちでとりあえず行動を起こしましょう。着なくなった服を売れば仕入れ金はかかりませんし、売れなくてもお金を損することもありません。しかし勉強して、あなたの出品した古着を顔も知らないお客様にお金を出して買ってもらい、さらに喜んでもらえるという感動を味わえば、きっとあなたも自分の力で稼ぐことの意味が理解できます。見える世界が一気に広がります。それはまた、次なる一歩のきっかけにもなるはずです。

自分の力で稼ぐこと それまで会社員として給料で生活することしか考えられなかった人が、古着転売をきっかけに「自分にはまだこんな可能性が眠っていたんだ」という事実に気がつけば人生はガラッと変わります。休日は土日だけではないし、収入に上限はないし、人間関係に悩む必要もない。そういうことを知ってもらいたいです。

第2章 どんな古着を、誰に売るのか？

STEP2：リサーチ

第2章 どんな古着を、誰に売るのか？【STEP2:リサーチ】

スマホネイティブ
??
確か…様々なことをスマホで完結させる人達のことですよね
そう…スマホが普及している環境で育った人達のことを「スマホネイティブ世代」というのですが…
その世代である彼らは普段からネットで服を購入することが当たり前になっているんです
便利！かんたん！
僕なんてまだまだスマホをうまく使いこなせてないですけど…
なるほど…スマホに慣れ親しんでいる世代なら、フリマアプリもたくさん活用しているはずですもんね！
そうなんです！それに古着といえば、今やその世代の方々に人気のアイテムでもあります
古着ブーム！
なので古着にも抵抗がありません
最近では「古着男子」「古着女子」といった言葉もよく聞きますしね
そういったお客様を相手に、最も需要のあるトレンドアイテムを販売しましょう！
オー!!

誰に売るのかを決めないと商売は始まらない

何かを売るときに最も大事なのが、**お客様のことをとにかく第一に考えることです**。誰に売るのか。古着転売であれば、個性的な服装が好きな美大生のような人に向けて売るのか、おしゃれに興味はないけどとにかく安く服を買いたい人に売るのか、ブランドが好きな人に売るのか、ブランドが嫌いな人に売るのか。若者に売るのか、年配の方に売るのか。「誰に」が違うだけで売り方はまったく変わってきます。

ファッションに詳しい方、服が好きな方が古着転売に取り組む際によくやってしまいがちな失敗が、「誰に売るのかを考えず、自分の好きな服を売ってしまう」ことです。なまじ服の知識があるせいで、「自分が好きな服を売れば、同じ趣味の誰かが買うでしょ。俺、服好きだから服買う人の気持ちわかるよ」と思ってしまうのです。しかし、これでは誰にも興味を持たれない可能性が高いです。

当たり前のことをいいますが、古着転売は〝ビジネス〟です。〝商売〟です。決して趣味ではありません。お金が介在するビジネスである以上、ガチンコで売り方を考えないといけませんし、お客様にとってその服が魅力的だと思ってもらわないといけません。

誰に売るのかを考えず、自分の好きな服を売ってしまう 市場をリサーチして結果として需要があるのであれば自分の好きな服を売ることには何の問題もありません。たとえば古着専門店は、アイテムの需要があることを見越した上で、店主の個性や世界観を演出し、それに魅力を感じた客がお店のファンになるという構図になっています。重要なことは、誰に売るのかを突き詰めて考えることです。

では、どうすればお客様に服の魅力が伝わるのか？　マーケティングを学ぶことで、誰でも自由自在に、服、ひいてはどんなものでも売れるようになります。

マーケティングとは、お客様にその商品のよさを伝え、その結果お客様が納得して購入してくれるプロセスのこと。つまり**相手とのコミュニケーションなのです**。だからひとりよがりなものであってはいけません。〝お客様にとって〟商品がよいものでなければならないし、それがお客様にとっていかに価値ある商品なのかということを、言葉やビジュアルで説明しなければなりません。

僕は古着転売を始めた当初、この「誰に売るのか」というビジネスにおいて最も本質的なことを考えずに仕入れをしてしまったため大失敗しました。まったく売れずに大赤字をこきました。反面教師にしてもらいたいので、そのときのエピソードを紹介します。

⦿根拠のない仕入れで大失敗した初心者のころの僕

何の考えも持たず、古着転売の経験もないまま、いきなりリサイクルショップに仕入れに行き、店内をぐるぐる見て回った僕は、ある事実に気がつきます。それは、「セレクトショップのタグがついた服が安い」ということ。

セレクトショップとは、ショップごとの独自の視点でさまざまなブランドのアパレル商

大失敗　古着転売を始めてすぐにこの大失敗（といってもたかが知れていますが）を犯したことにより、マーケティングへの興味を持つことができたという意味では、むしろよい経験だったと思います。古着転売でも何か失敗してしまったときにそれを単なる失敗と考えず、新しい知識を得られた機会という風に考えれば失敗が怖くなくなります。

タグ　服のサイズや素材、製造国などの情報が記されたもののことです。襟元や服の内側にあります。タグの素材や色も時代によって変わり、それによって付加価値になる場合もあるので仕入れの際の判断基準として使えます。

品を選んだ（セレクトした）お店のことです。代表的なショップに、ビームス、ナノ・ユニバース、ユナイテッドアローズ、シップス、アーバンリサーチなどがあります。

僕はリサイクルショップの棚を見て思いました。

「あれ？　セレクトショップのタグがついた服がめちゃくちゃあるね。セレクトショップといえばおしゃれな人が必ず行くお店じゃん。俺は金欠でほとんど古着しか着てこなかったからあんまり（というかほとんど）知らないけど、ショップで売ってる服はどれも高かったし、大学時代は周りにセレクトショップで買った服を着てる友だち多かったし、これを仕入れれば楽に売れるんじゃね？　なんかだいたい１０００円以下だしイケそうだな。これ適当にいっぱい仕入れてみよ」

それが地獄の入り口でした。

量だけはたくさん仕入れることができたので、いきなりいい仕入れができたぞ！　と意気揚々と自宅に戻り、すぐさまメルカリに出品しまくったものの、来る日も来る日も売れる気配がありません。

焦った僕は理由を探しました。そこで出てきた答えは、**「セレクトショップのオリジナルアイテムはリセールバリューが総じて低い」ということ。**リセールバリューとは再販価格のことです。つまり古着として売れる値段が安いということです。だからリサイクルショップでも安かったのですね。

では、なぜセレクトショップのオリジナルアイテムのリセールバリューが低いのか。そもそもセレクトショップの大きな魅力は、個性的なバイヤーがセレクトした商品やブランドにあって、セレクトショップが独自に作ったブランドは単価が安く設定されていることも多いのです。

それすら知らなかった僕は、リサーチもろくにせず、ただ自分がそのセレクトショップの名前を知っているから、周りの友だちが着ていて人気がありそうだからという理由で雑に仕入れてしまったために、まったく売れない事態を招きました。セレクトオリジナルの服を中古で探している人が少なかったのです。

誰に売るのか。このターゲット設定を考えずに適当にやると、僕のような悲惨な結果が待っています。大量に仕入れて持て余してしまった服は、仕方がないのでヤフオクでまとめて売りさばきました。勉強の重要性を痛感した出来事です。

◎服に一番お金を使うのは誰？

この失敗の経験から、ようやく僕は「この服を欲しがっている人は本当にいるのか？」を念頭においた仕入れが重要だと気がつきます。シンプルに、**その服を欲しがっている人が多ければ多いほど、売れる可能性が高くなるということです。**

それを踏まえて、お客様を中心に考えていくと、まず誰が服に一番お金を使うのか？

ヤフオクでまとめて売りさばきました　仕入れに失敗した商品はなかなか売れないためストレスのもとになります。損した分を少しでも取り返そうとするとドツボにはまるので、いっそのことメルカリやヤフオクでまとめて売ることをおすすめします。1点ずつの損得ではなく、トータルで利益が出せればいいのです。

ということから考える必要があります。僕のこれまでの経験や、古着転売の塾生の方々への聞き取り・アンケート、また総務省統計局が出している年間消費支出などのデータを検証した結果、「18歳から22歳の男女の学生」が、最も月々の被服費（服に使うお金）が高いと考えるに至りました。そして本書ではさらに絞り、**その中でも「特に服へのこだわりがない層」をターゲットに設定します。**

その理由を説明します。まず「18歳から22歳」という年齢から考えてみましょう。この年齢の学生は大学生、専門学生、短大生が主と考えられます。この年齢層のうち学校を卒業して新卒で社会人になっている人は、被服費を多く使えないと考えターゲットから除外します。また、学生のうちは両親から仕送りをもらったり、アルバイトで稼いだお金が使えるため、新卒社会人に比べ被服費に使える額が多いと考えられます。

◉お客様の生活をシミュレーションしてみる

学生の生活をイメージしてみると、高校を卒業してそれまで着ていた制服がなくなり、毎日私服で学校に通うようになります。高校生までは、私服を着る機会はせいぜい休日に友だちと遊ぶときくらいです。それが大学生や専門学生になった途端、毎日私服での通学になります。学校に行くと、おしゃれな人とそうでない人の差が目につくことでしょう。イメージしやすいように、そんなお客様像をシミュレーションしてみます。

新卒で社会人 専門学校や短大、大学を卒業して就職している場合、年齢が同じでも学生と社会人ではライフスタイルがかなり異なってきます。勤務中はスーツや作業着を着るので学生時代のようにたくさんの私服は不要になりますし、親からの仕送りがなくなり自分の手取りの中から家賃や生活費をやりくりするようになるので、収入や支出の割合はガラッと変わります。

「大学生になったし、みんなおしゃれだから僕も（私も）服を買わなきゃな。でもいままで制服だったから、おしゃれってなんかよくわかんないんだよね。とりあえず流行ってる服を買いたい。インスタで見つけたおしゃれなインフルエンサーをフォローして……。あ、この着こなしかっこいい（かわいい）かも！　へー、このブランドがいまイケてるんだ、なるほど。欲しくなったけど、なるべく安く買いたいなあ。古着も流行ってるみたい。メルカリに出てないかな？　あ、似てるのがあった！　安いし買っちゃおっかな」

シミュレーション終わり。本書のお客様はまさにこんな男女です。イメージがつかめましたか？

現在20歳前後の若者は、はじめて持ったモバイルデバイスがスマートフォンである「スマホネイティブ世代」です。それより上の世代とは違い、自分で古着屋に足を運び、古着を触って質感を確かめたり試着しないと買いたくないとは思っていません。ネットで気軽に買って、サイズが合わなかったら返品、飽きたら自分でメルカリで売るというライフスタイルにすでになじんでいます。スマホネイティブ世代は、ネットやフリマアプリで古着を買うことに抵抗がありません。

◉マニアでもなく無関心でもない中間層を狙う

最後に、数の切り口から考えましょう。おしゃれが好きで自分の服装に強いこだわりが

スマホネイティブ世代　「はじめて持った携帯電話がスマートフォンである世代」を指します。SNSや動画を使いこなすスキルが高い一方で、パソコンの操作が不得手とされています。トレンド古着のターゲットであるその世代と、スマホで使うフリマアプリのメルカリは非常に相性がよいのです。

ある層と、ファッションに特別なこだわりはないけれどダサいとは思われたくない、流行はとりあえず押さえておきたいという層を比較してみると、後者のほうが圧倒的に人数が多い、つまり市場が大きいです。

ファッションにこだわりがある層に古着を販売する場合、やはり販売する側にも相応の知識が求められます。また、扱うブランドや状態に関しても厳選する必要が生じるため仕入れが難しくなります。そして欲しがる人が少ないために、宿命的に商品の回転は遅くなります。

では、「特に服へのこだわりがない層」へ売るのはどうでしょうか。**彼らは服にこだわりがない＝ファッションに関心がないのではなく、こだわりはないんだけれど流行っている服は着たい層です**。流行っているということは、需要が高まっていて、その服を欲しがっている人が多いということです。売る側である僕たちからすると、あらかじめ流行を把握して仕入れを行い、欲しがっている人に差し出すイメージです。

古着転売で月収10万円ほどの成果をあげるためには、**流行っている服を押さえてそれに特化した知識を得ればよいのです**。トレンドを追う層は、その服にどんな歴史があり、どんな機能的な素材を使っているのかといったことよりも、流行っているデザインや着こなしへの関心が高いのです。

ターゲットとするお客様

お客様像

◉18歳から22歳の男女の学生

◉服にこだわりがなく、流行に乗りたい層

ポイント

・通学が私服になるためカジュアルアイテムの需要が高まる

・InstagramやWEARで情報収集している

・トレンドを作っている若者にアプローチしている

・スマホネイティブ世代でネットでの買い物に慣れている

注意

・おしゃれにこだわる層を狙うと商品知識が必要になり難しくなる

・18歳から22歳でも新卒社会人は除外

たった1人のお客様に売るイメージを持とう

僕たちは古着転売をするにあたって、お店の認知度をあげるために広告費にウン億円使うことはできませんよね。集客力では大企業にかないません。では資金力がない僕たち個人がどういう戦い方をすればいいかというと、**狙ったお客様にピンポイントで「欲しい！」と思ってもらえばよいのです。**

先ほど、若い学生の男女をターゲットに設定し、分析し、絞り込みましたがまだ甘いです。ターゲットをさらにできる限り狭く深く絞り、たった1人に決めます。そのたった1人のお客様に刺さるようなアイテムを仕入れ販売していくことが、僕たちスモールビジネスマンが勝つ唯一の道です。

東京都に住んでいる一人暮らしの20歳で、ヒップホップが好きな大学生Aくん。最近おしゃれな友だちの影響で古着とスケートボードにも興味が出てきた。彼にヒップホップやスケートボードにまつわる古着を売る。

このように、ここまで思いきって絞り込むことで、**Aくんに似たそのほかのたくさんの人にもいいと思ってもらえるようなお店が作れます。**逆にいえば、ターゲットを絞らずや

たった1人に決めます そこまでターゲットを絞ってしまうと誰にも売れないんじゃないかと思いがちですが、認知度アップの宣伝にお金を使えない僕たちにとって、「広く浅く」のターゲティングではなく「狭く深く」ペルソナを決める戦略を取らないと売れません。お客様の年齢、性別、居住地、職業、年収、ライフスタイル、趣味、悩み。ここまで具体的に絞り込みましょう。 **スケートボード** スケボーのこと。単にスケートとも呼びます。アメリカ発祥の文化で90年代に日本でも爆発的に流行しました。走ったりジャンプしたりするため、上下ともゆったりした大きめのサイズが好まれます。スケートのブランド、ナイキSBやアディダススケートボーディングなど定番ブランドのスケート専門ラインもあるので仕入れの際は要チェックです。

スケートボードは、ヴァンズやステューシーが代表的なブランドで仕入れもしやすいが、ほかにも数多くのブランドがある。

オーバーサイズの着こなしやラルフローレンなどのブランド志向など、ヒップホップは現在のトレンドにも深く影響を与えている。

みくもに出品しても、誰にも刺さらないためまったく売れません。

◉もしもターゲットを絞らなかったら

もしターゲットを絞らず、古着を売る対象を20代の男女にするとどうなるか。これまで考えてきた18歳から22歳までの男女と比べて見込み客の人数は相当増えるので一見よさそうに思えますが、果たして本当にそうでしょうか？　またシミュレーションしてみましょう。

20歳も29歳も確かに同じ20代ですが、彼らのライフスタイルはまったく異なります。たとえば20歳の女性は学生で私服を毎日着ていて、服に関心を持っている可能性が高いですが、29歳の女性はバリバリのキャリアウーマンで、休日に着るためだけの私服にお金を使うよりも、仕事の交際費やスキルアップのための支出が増えているかもしれません。あるいはすでに結婚し、育児費用を捻出するために自分の被服費どころではないかもしれません。着る服の傾向も20歳と29歳では変わっているのが当然です。29歳の女性は20歳のときに着ていたカジュアルな服を着なくなっているでしょう。

ターゲットを明確に絞りきれていない、メンズアイテムもレディースアイテムもごちゃごちゃと並んでいるショップは、お客様に雑然とした印象を与えてしまいます。せっかくお客様がショップにアクセスしても、**「いろいろなものがあるけど、自分が欲しいものはないな」と判断されて素通り、別の店に行かれてしまいます。**もしあなたがすでにメルカリでショップを開いているのであれば一度品揃えを確認してみてください。

◉「誰に売るのか」のまとめ

本書で設定したターゲットは、「18〜22歳の男女（学生）」「特にこだわりがない」層でした。僕はターゲットをこう規定しています。

- 18〜22歳の男女（学生）
- ファッションがほどほどに好き
- 他人と服がかぶりたくない

雑然とした印象 誰向けの品揃えなのかはわからないけど、ただ値段が安い中古商品が店内に所狭しと陳列されている。この風景はリサイクルショップと似ています。リサイクルショップと同じような品揃えでは、お店に訪れるお客様も値段の安さを期待してしまうため利益が伸びません。そうならないためにきちんとターゲットを設定したお店作りを心がけましょう。

- ネットで古着を買うことに抵抗がない
- 流行にはとりあえず乗っかりたい
- 暇な時間にメルカリをぼーっと眺めていることが多い

このような特徴を持つ、現在のトレンドの90年代ファッションに身を包む彼らは**古着男子、古着女子と呼ばれています**。

古着男子に限らず古着女子にも古着を売ることになりますが、1つ気をつけていただきたいのが、僕たちが扱う服は**基本的にメンズの服だということです**。男性用のTシャツやスウェット、アウターなどを古着男子、古着女子それぞれに売ります。

大学生や専門学生は私服で通学するので毎日同じ服を着るわけにはいきません。ある程度の数の服を買い、いろいろなコーディネートを楽しむと想像できます。ファッションにのめり込んだり、特別にマニアックなこだわりがあるわけではないですが、流行にはしっかり乗って友だちとの会話を楽しみたい。かっこよく、かわいくいたい。通学・帰宅途中の電車の中、大学の講義の空き時間、友だちとのランチの待ち合わせ、アルバイトの休憩時間、夜眠る前のベッドの中。そんなちょっとした空き時間に、何かいい服ないかなとメルカリを見ている人たちです。彼らに売ることを想像してください。

何かいい服ないかな めちゃくちゃ服を欲しがっている人に服を売るのは簡単ですが、メルカリを見ているのは買う気満々の人ばかりではありません。暇つぶしに見ている人だってたくさんいます。そんな人たちに写真や文章の力で商品の魅力をアピールし、「興味ない」から「興味わいて超欲しくなった!」へ心を動かすことができれば、あなたの服は売れていくに決まってますよね。

最も需要が大きい「トレンド」を狙おう

「古着」と一口にいってみてもジャンルは多彩にあります。アメカジ、モード、ロック、ストリート、ハイブランド、ミリタリー、ヴィンテージ……。細分化すればキリがありません。

では、たくさんあるジャンルの中で、最も需要が大きく売れやすいものは何か？　それがトレンドの**90年代のアイテムです。**

ファッションにおける90年代リバイバルブームの特徴をとらえると、**「オーバーサイズ」「ロゴマーク」「スポーツMIX」「カラーリング」などが構成要素として挙げられます。**

1つずつ見ていきましょう。

◉オーバーサイズ

オーバーサイズとは、**自分の体型のジャストサイズよりも大きいサイズの服を着ることです。**90年代のヒップホップファッションに影響を受けたといわれていて、普通よりダボっと大きく着ることがかわいいという価値観です。

トレンド古着の主な構成要素

オーバーサイズ

ジャストサイズより大きいサイズの服を着ること。
デザインがよくても小さいと売れにくい。

ビッグロゴ、ワンポイントロゴ

ブランドのロゴの有無が重要。
ビッグロゴがよいが、小さくてもロゴがあればよい。

カラーリング

原色や総柄などが付加価値になる。
シーズンによってすぐ変化する。

◉ビッグロゴ、ワンポイントロゴ

遠目で見てもわかるほど、**デカデカとそのブランドのロゴマークがあしらわれているデザイン**。それがビッグロゴです。とにかくブランドロゴが目立てば目立つほど高額で売れていきます。

とはいえロゴマークが大きくなくても、ワンポイントで小さくブランドロゴが入っていれば仕入れ対象になります。要は、ロゴマークがあればよいのです。逆に、本書でおすすめしていくブランドの古着でも**ロゴマークがなければ途端に売れ行きは鈍ります**。

◉スポーツMIXスタイル

スポーツMIXとは、**カジュアルな普段着にスポーツウェアやスポーツテイストを混ぜ**

ロゴマークがなければ途端に売れ行きは鈍ります　売れ行きにロゴの大小はあまり関係ありません。小さくても目立たなくても、ブランドロゴが服のどこかにありさえすればOKです。しかしロゴマークがどこにもないと売る相手がかなり限定されるので回転が落ちます。

る（ミックスする）スタイルのことです。主にナイロンジャケットやジャージを合わせることが多いです。ナイキやアディダスなどのスポーツ系ブランドが、ルイ・ヴィトンなどのハイファッションブランドとコラボし、スポーツブランドからファッションブランドとしての価値を確立したことで世界的にブームが起きました。90年代ファッションリバイバルの要素として押さえておきましょう。注意しておきたいのは、ジョギングのときに羽織ったり、学生が部活の練習に使うようなスポーツど直球なジャージは仕入れてはいけません。この点はあとで説明します。

◉カラーリング

ビッグロゴに見られるように、人目をひくような派手なデザインが好まれるのが90年代リバイバルファッションの特徴です。赤青黄などのカラフルな原色や蛍光色を使っていたり、柄やカラーをランダムに切り替えたクレイジーパターンデザインなどが象徴的です。ただし、ベージュやブラウンなど、あえて地味なカラーの古着を探している古着男子や古着女子もいます。派手なカラーはプラスアルファとして、派手だったらなおよい程度にとらえてください。

コラボ 2017年はハイブランドとスポーツブランドやストリートブランドとのコラボが盛んな年でした。ルイ・ヴィトンとシュプリーム、ジュンヤ ワタナベ マンとノース・フェイス、ゴーシャ ラブチンスキーとアディダスなど。

クレイジーパターンデザイン 服の左右で柄や素材が異なるデザインのこと。シャツやジャケットなどによく見られます。

まずはここから！90年代ブランドリスト

90年代にストリートやヒップホップシーンで流行ったブランドがいまリバイバルしています。ただし数はそれほど多くありません。ここでは代表的なブランドとそれぞれのポイントを押さえましょう。

ラルフローレンやトミーヒルフィガーは、原色を多用したポップなデザインで90年代に爆発的に流行しました。90年代リバイバルブームを牽引している、古着転売ビジネス最重要ブランドといっていいでしょう。また、ナイキやアディダスといったスポーツ系ブランドも、スポーツＭＩＸスタイルの流行で人気が高いです。

◉カジュアル系ブランド

＊ラルフローレン

ポニーロゴが胸元にあしらわれたポロシャツ、長袖コットンシャツが安価で仕入れやすく、また安定した人気があるため初心者でも売りやすいです。星条旗をモチーフにしたアイテムや、「ポロベア」というテディベアキャラクターがデザインされたアイテムは特に

ポロベア 1991年に登場したラルフローレンのブランドアイコンで、ブレザーやタキシードなどを着こなす「世界一おしゃれなクマ」。有名ミュージシャンや海外セレブも着ていることから古着でも人気が高いです。

高額になります。リサイクルショップではなかなか見つけられないものの、古着屋でよく売っています。

＊トミーヒルフィガー

「フラッグロゴ」と呼ばれる、赤と白のロゴマークが目印です。ラルフローレンと同じく、Ｔシャツ、シャツ、ポロシャツ、セーター、カーディガンなどが仕入れやすいです。

＊チャンピオン

何といってもスウェットが人気です。メイドインＵＳＡの「**リバースウィーブ**」のスウェットは年々価値があがっており、デザインやカラーリングによっては1万円以上で売れるものもあります。ワンポイントのロゴのあるスウェット、Ｔシャツは要チェックです。
そのほかジャージなどもよく見かけます。

＊ノーティカ

マリン系のブランドで、帆走する際に使用される**セーリングジャケット**が代表的なアイテム。ナイロンジャケットがよく仕入れられます。

リバースウィーブ 「キング・オブ・スウェット」とも呼ばれるチャンピオンの衣類の製法のこと。通常は縦に織られている生地を横使いすることによって、洗濯しても縮みにくく頑丈になっています。タグの表記や両脇のリブの切り替えで見分けることができます。

セーリングジャケット 別名ヨットパーカー。船に乗るときに着用するナイロン製のジャケットのこと。

＊コンバース

「オールスター」や「ジャックパーセル」など名作を数多く残してきたスニーカーの定番ブランドです。古着好きに愛されていますが、近年アパレルも人気です。星のロゴマークを見つけたら要チェックです。

＊ラコステ

ワニのロゴマークが印象深いブランド。ゴルフやテニスなどのスポーツアイテムが多く、ポロシャツの仕入れが容易です。ワニの向きが異なる「クロコダイル」というブランドは古着好きには人気がないので、間違って仕入れないように注意してください。

＊フレッドペリー

月桂樹ロゴの老舗テニスウェアブランド。ラコステと同様、ポロシャツがリサイクルショップでよく仕入れられます。そのほかサイドラインにブランドロゴがあしらわれたジャージ、ワンポイントロゴのセーターも人気があります。

ラルフローレン

ポロベア

トミーヒルフィガー

チャンピオン

ノーティカ

コンバース

ラコステ

フレッドペリー

⊙スポーツ系ブランド

スポーツMIXスタイルも90年代ファッションを語る上では外せません。王道のナイキ、アディダスはもちろん、ここに挙げているブランドは非常に人気が高いです。

＊ナイキ

いわずと知れたスポーツブランドの雄。「スウッシュ」といわれるナイキおなじみのロゴマークがあれば、どんなアイテムでも売れるといっても過言ではありません。Tシャツ、ポロシャツ、スウェット、パーカー、ナイロンジャケット、ジャージ、そのほかアウターなど多様なアイテムが仕入れ対象になります。初心者のうちはまずはナイキから探していくのもよいでしょう。リサイクルショップやフリーマーケットで容易に仕入れられます。

＊アディダス

ナイキと並んで知名度、人気が高いのがアディダスです。リサイクルショップなどでよく見かけるロゴマークは主に4種類あります（ヴィンテージのものなどより細分化するとほかにも存在する）が、トレンド古着転売で重要なのは2つです。「トレフォイルロゴ」と呼ばれる葉っぱのマークと、「スポーツパフォーマンスロゴ」と呼ばれる三角形に似たマークです。

トレフォイルロゴはよりカジュアルなコーディネートに取り入れやすい路線です。スポーツパフォーマンスロゴは、名前のとおりアスリートやスポーツをする人に向けて作られたブランドラインのため、やや着こなしの難易度があがります。トレフォイルロゴはカジュアルになじむ分売りやすいのに比べ、スポーツパフォーマンスロゴはスポーツＭＩＸのコーディネートとして訴求しないと売れないため、多少売る難易度があがることを覚えておいてください。

＊リーボック

陸上用のスポーツブランドとして誕生し、90年代はストリートでも人気を博しました。「ベクターロゴ」と呼ばれる、３つの三角形が重なっているようなロゴマークが目印です。派手なカラーリングのナイロンジャケットがよく仕入れられます。

＊プーマ

飛び跳ねているピューマのロゴマークが有名です。Ｔシャツ、ナイロンジャケット、ジャージを見つけたら仕入れましょう。クレイジーパターンなど派手なデザインが多いのもこのブランドの特徴です。

ナイキ

アディダス

トレフォイルロゴ

スポーツパフォーマンスロゴ

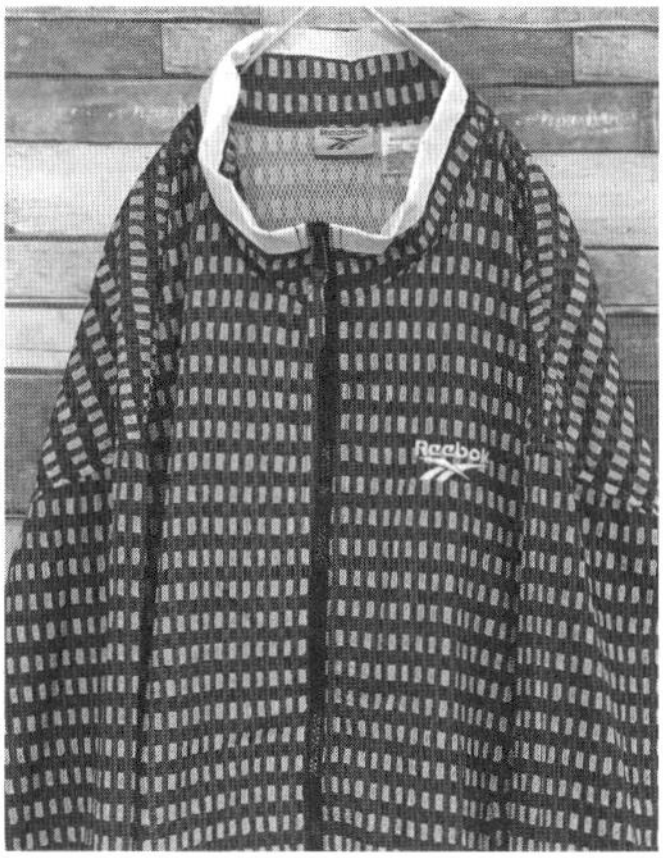

リーボック

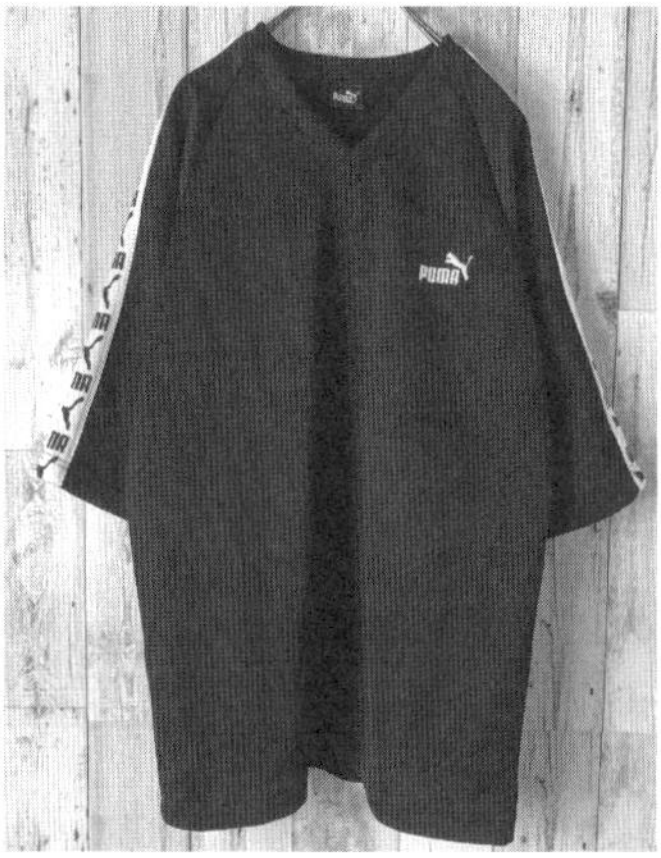

プーマ

フィラ

＊フィラ

イタリア生まれのブランド。頭文字の「F」をあしらったロゴマークで、テニスやゴルフなどのスポーツウェアが人気です。ポロシャツはもちろん、スキージャケットなどの変わったアイテムを求めている古着好きも多いので探してみましょう。

⦿スケーター系ブランド

90年代のストリート、カルチャーシーンで外せないのがスケートボードです。スケートボードのブランドはとても多く、古着好きにも人気ですが、その中でも特にリサイクルショップなどで仕入れやすいメジャーなブランドを紹介します。

＊ヴァンズ

スケートボードブランドの中でも歴史が長い老舗ブランド。サーフィン、スノーボード、BMXなどさまざまなエクストリームスポーツファンの間で愛されてきました。古着好きの足元はだいたいコンバースのオールスターか、ヴァンズのローカットといってもいいほどコーディネートに欠かせない存在です。ロゴ入りのスウェット、パーカーは高額で売れるため見つけたら即仕入れましょう。

BMX 自転車で行うスポーツの一種。ダートコースを走るレースと、さまざまな技を披露しテクニックを競うフリースタイルに分類されます。

エクストリームスポーツ しばしば危険を伴うアクロバティックな要素を持つスポーツのことで、BMXやスケートボードも含まれます。若者のファッションと密接なつながりがあります。

ヴァンズ

ステューシー

スラッシャー

＊ステューシー

サーフィンとスケートボードシーンから誕生したブランド。Tシャツ、パーカー、ナイロンジャケットなどが仕入れられ、古着好きからの人気が高いです。

＊スラッシャー

サンフランシスコで創刊されたスケーター向けの雑誌『THRASHER MAGAZINE』がブランドのルーツ。パーカーやスウェット、コーチジャケットが人気です。

◉その他人気ブランド 応用編

そのほかの人気ブランドを応用編としてまとめます。ここでまとめたブランドは仕入れ値が比較的高い場合が多く、安定した量を確保することが難しい代わりに、**仕入れの問題さえ解消できれば月収10万円どころかさらに大きく収入がアップする可能性を秘めています。**

まずは基本となるカジュアル系ブランドやスポーツ系ブランドの仕入れをマスターし、古着転売に慣れてきたらこれらのブランドにも積極的にチャレンジしてみましょう。

✱カーハートを筆頭とするワークウェア系ブランド

ワークウェアとはその名のとおり、無骨で飾らない、実用本位の作業着のことです。歴史は古く、19世紀のアメリカ、ゴールドラッシュに起源があるといわれていますが、時代を経てファッション性を取り入れるようになり、いまや1つのジャンルを形成しています。カーハート、リーが仕入れやすく、シャツ、パーカー、**オーバーオール**、ジャケットなどを見かけたら要チェックです。

✱ノース・フェイス、パタゴニアなどのアウトドア系ブランド

古着転売で月収10万円以上を狙いたいなら、ノース・フェイスやパタゴニア、コロンビアなどのアウトドア系ブランドは覚えておいて損はありません。新品の定価が高額なため、どうしても仕入れ値が高くなってしまうのが玉にキズですが、特に秋冬のアウターとして圧倒的な人気を誇ります。また、街着としておしゃれに着たい古着好き層はもちろん、登山や本格的なアウトドア用に探している人、防寒用に機能性重視で探している人など、さまざまなターゲットにアプローチできるのもアウトドア系ブランドの強みです。このジャンルに限り、**レディースやキッズも仕入れ対象になる**ため、リサイクルショップで見かけたらリサーチを怠らないようにしてください。

オーバーオール 背中の部分にも布がある、胸当てつきのズボンのこと。おしゃれ上級者向けのアイテムで、コーディネートに取り入れるのが多少難しいため、回転は遅いものの単価が1万円以上になることもあります。また、普段使いではない自動車メーカーの作業用のツナギなども高値で売れることがあるのでこちらも注目です。

レディースやキッズも仕入れ対象になる アウトドア系ブランドは定番アイテムとして人気が高く、若者だけでなくキャンプ好きのファミリー層などにも訴求できるのが魅力です。アウトドアが趣味の家族をターゲットにアピールしてみましょう。

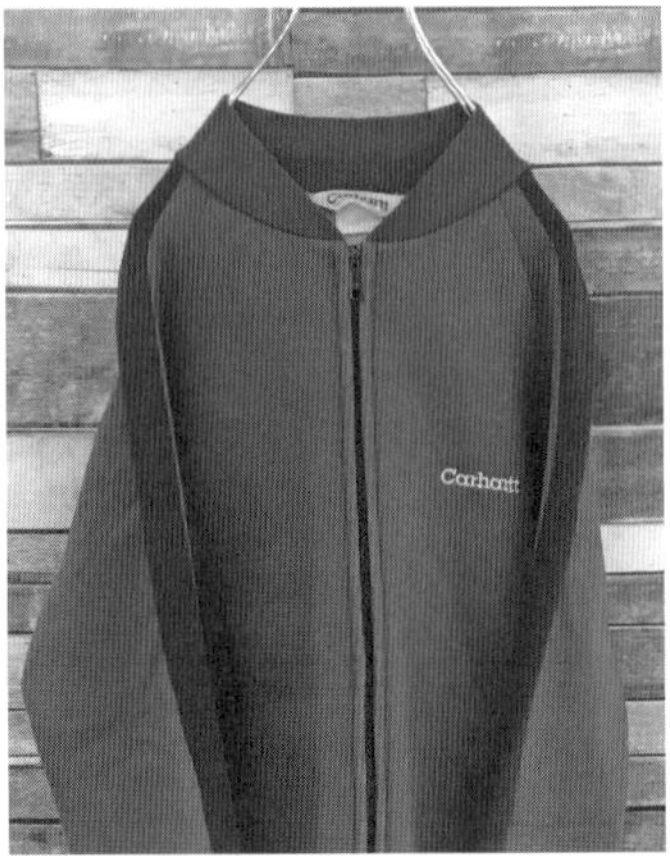

カーハート

ノース・フェイス

パタゴニア

コロンビア

ハードロックカフェ

バーバリー

バーバリーのロゴ

＊ハードロックカフェ

ハードロックカフェは、日本でも店舗展開している、アメリカ発のレストラン兼アパレルブランドです。そのロゴマークのかわいさから古着女子にも人気です。Tシャツが定番ですが、スウェットは希少性があり高値になるアイテムです。なお、全面にエレキギターなどロックテイストのプリントが施されたものよりも、シンプルなロゴマークが配置されているアイテムのほうが売れやすい傾向があります。

＊バーバリー

バーバリーはイギリスのラグジュアリーブランドです。新品で買うと高価格なアイテムも古着なら気軽に買えるため、古着好きに人気が高いです。「ノバチェック」と呼ばれる、バーバリーを象徴するチェック柄が大胆にあしらわれたマフラーやシャツ、古着男子に人気のトレンチコートなどは1万円以上の価格で売れることも珍しくありません。またノバチェックがなくても、馬を駆る騎士のロゴマークがワンポイントでデザインされたポロシャツやセーターなども人気です。カジュアル系ブランドに紛れ、驚くような安価でリサイクルショップに並んでいることもあります。

ノバチェック バーバリーのチェック柄にはいくつか種類がありますが、ノバチェックは中でも最もポピュラーな、キャメル地に黒・白・赤のラインが交差したデザインのことです。

超簡単！メルカリを使った商品リサーチ

「誰に売るのか？」というマーケティングの中のターゲットリサーチについてはすでにお話ししました。これから話すのは商品リサーチです。

リサーチは超がつくほど重要です。お客様のことを知ればお客様が欲しいものがわかるようになり、欲しいものがわかったら、あとはそれをどこで仕入れればいいかという話になり、やることがシンプルになるからです。逆にリサーチをサボればお客様が欲しいものがわからないため、いつまでも仕入れができない、出品しても売れずに思い悩んでしまうから結局は挫折ということになりかねません。お客様のことを知るターゲットリサーチと、実際に売れているものを知る商品リサーチはビジネスで避けては通れないのです。

繰り返しますが、リサーチは超大事です。めちゃくちゃ重要です。あなたのビジネスが成功するか失敗するかを左右する鍵です。古着転売をきっかけにしてぜひマスターしていただき、ほかのビジネスをするときにも活かしてください。

僕は本章の冒頭で、マーケティングはコミュニケーションだといいました。絶対に忘れて欲しくないので、堅苦しい話はやめて恋愛にたとえて考えてみます。

古着転売をきっかけに 僕がさまざまな業種の売上をあげるコンサルタントになれたのは、古着を売ることを足がかりにビジネスの基本を学んだからです。どんな業種でもリサーチは避けて通れないので、古着転売で得たことをご自身の本業や得意分野にフィードバックしてください。

いまあなたに、好きで好きで何としても付き合いたい人がいるとして、その人をデートに誘いたいとしましょう。このとき、モテない人は自分の得意分野で戦おうとします。歌に自信のある人はカラオケに連れて行こうとするし、アウトドアが趣味な人はキャンプやバーベキューに誘います。でももし、意中の人が声にコンプレックスがあり大のカラオケ嫌いだったとしたら？　インドア派で、虫アレルギーだからキャンプなんか一生行きたくないと思っていたとしたら？　残念ながらあなたがオファーしたデートに魅力を感じず、誘いに応じてくれないでしょうし、それ以上関係も発展しないでしょう。

では、モテる人はどうしているかというと、まず相手のことを深く知ることを考えます（＝ターゲットリサーチ）。その上で、自分の得意分野との共通点を見つけます（＝商品リサーチ）。その見つかった共通点をテコに、意中の相手と仲よくなるのです。

商品を売るには、まず相手のことを理解すること。そして相手が欲しがっている商品を調べること。これを徹底しましょう。

◉具体的なリサーチの方法

考え方は理解してもらえたでしょうか。では次に、具体的な商品リサーチの方法をお話しします。メルカリでリサーチする方法は、とても簡単な上に短時間で実践できるので、すきま時間を見つけてやってみましょう。どういった服が実際に売れているのか。それが把握できれば古着転売がググッと身近なものになります。

「あれ？　これ自分も似たようなもの着てたな」

「マジでこんなブランドが売れてるんだ」

「ぱっと見ボロボロに見えるけど、買うお客さんがいるのか」

これらがわかれば売る側であるあなた自身の心理的なハードルが下がり、気持ちも楽になるでしょう。この商品リサーチを繰り返せば繰り返すほど、自然にトレンド感が頭の中に入ってきますし、写真やタイトルの良し悪しが消費者感覚でつかめてきます。

具体的なやり方は、まず**ターゲットとなるお客様が検索しそうなキーワードをメルカリの検索窓に打ち込みます**。初心者でよくわからないうちは、とてもざっくりしたキーワードでかまいません。「90s　古着」とか「メンズ　古着」とかのキーワードを入力しメルカリで検索してみましょう。ちなみに90sとは「90年代」を意味します。

するとたくさんの古着がずらっと出てきますが、これだけでは整理されておらず、いま人気のあるものなのか、すぐに売れていくものなのかがわからないので、**「絞り込み」→「販売状況」で「売り切れ」にチェックを入れ、さらに「並べ替え」で「いいね！順」をタップします**。こうすることで、「実際に売れたという実績データがあり、なおかつターゲットのお客様が特に興味を持っている（「いいね！」がたくさん付いている）アイテム」に絞ることができます。

消費者感覚　売り手でいながら買い手の気持ちで自分や他人の販売ページを見ることができるようになるということです。「自分がもし客だったら、自分のページを見て欲しくなるかならないか」が意識できるようになれば、必然的に売れるページを作れる実力がついてきます。

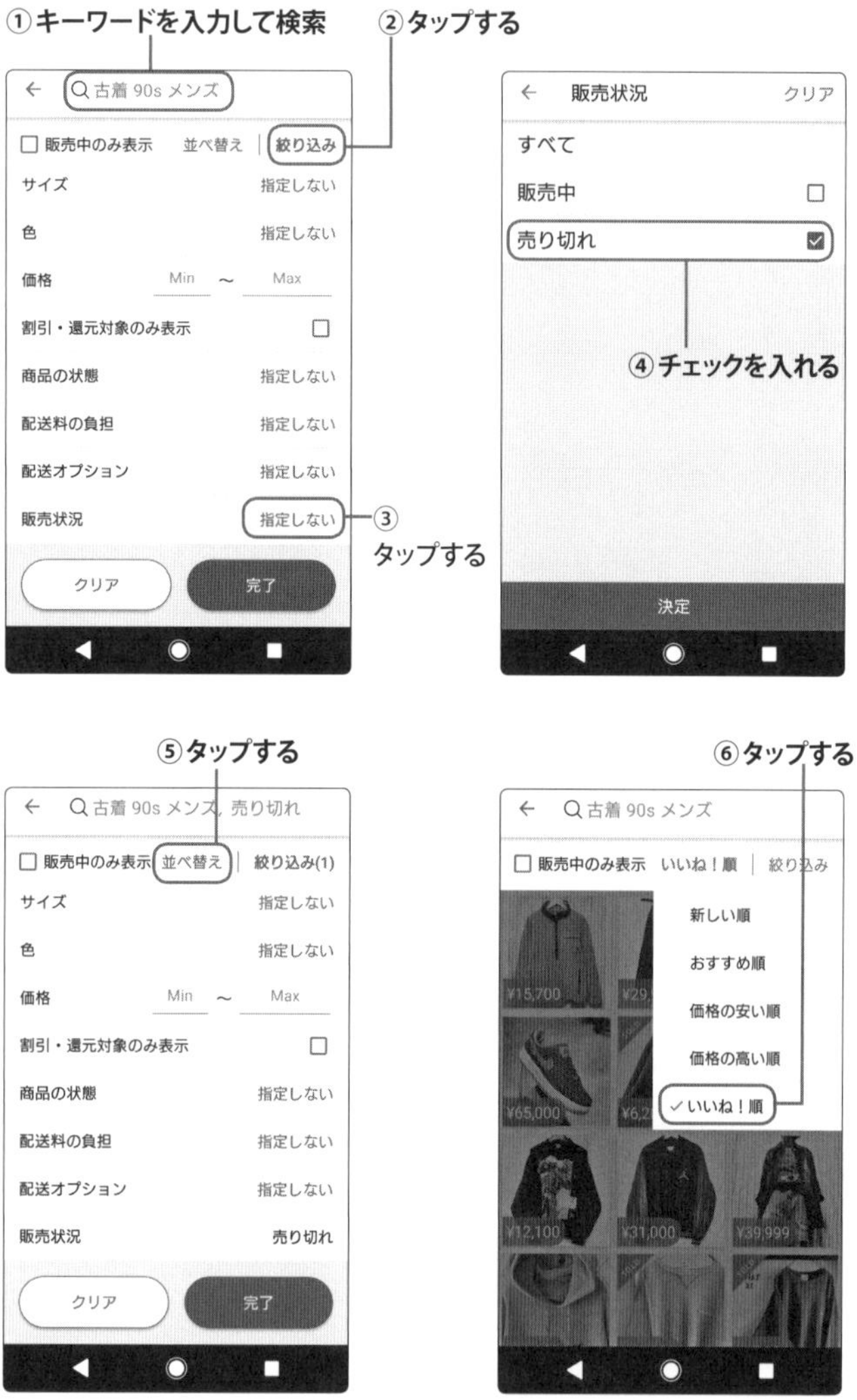
①キーワードを入力して検索
②タップする
古着 90s メンズ
販売中のみ表示
並べ替え
絞り込み
サイズ 指定しない
色 指定しない
価格 Min ～ Max
割引・還元対象のみ表示
商品の状態 指定しない
配送料の負担 指定しない
配送オプション 指定しない
販売状況 指定しない
③タップする
クリア
完了
販売状況
クリア
すべて
販売中
売り切れ
④チェックを入れる
決定
⑤タップする
古着 90s メンズ, 売り切れ
販売中のみ表示
並べ替え
絞り込み(1)
サイズ 指定しない
色 指定しない
価格 Min ～ Max
割引・還元対象のみ表示
商品の状態 指定しない
配送料の負担 指定しない
配送オプション 指定しない
販売状況 売り切れ
クリア
完了
⑥タップする
古着 90s メンズ
販売中のみ表示
いいね！順
絞り込み
新しい順
おすすめ順
価格の安い順
価格の高い順
✓いいね！順
¥15,700
¥65,000
¥12,100
¥31,000
¥39,999

条件は「販売中」＋「新しい順」。ランダムにアイテムが並んでいるため、リサーチには向かない。

条件は「売り切れ」＋「いいね！順」。実際に売れた実績データで、かつターゲットが興味を持っているアイテムに絞れた。見ていくだけでデザインや売れている出品者を分析できる。

お客様にとっての「いいね！」は、商品に魅力を感じていて、ちょっとチェックしておこうかなくらいの軽い感覚です。とりあえず忘れないようにするためのブックマークと考えてもらえばいいでしょう。「いいね！」をしておくと、商品の値段が下がったときにメルカリからスマホに通知が届くようになっているので、「いいね！」をするのは値下げ待ちのお客様が多いです。

ということは、「いいね！」が多く付いているのに売れていない古着（「絞り込み」↓「販売状況」で「販売中」にチェックを入れ、「並べ替え」で「いいね！順」をタップ）は、購入を検討している人たちから値段が高いと思われているのかも？　と推測できます。つまり、似たような商品をそれよりも少し安い価格で売れば、すぐに売れる確率が高いと想像できます。

このリサーチを繰り返すことで、いつも上位に来ているアイテムの共通点を見つけることができますし、フォロワーの多い人気メルカリアカウントを発見することもできます。そうすれば、なぜそのアカウントはフォロワーが多いのか？　を分析できます。商品リサーチを契機にして、**数珠つなぎにたくさんのアイテム、デザインの傾向、人気アカウントの研究ができるので、リサーチをやればやるほど実力がつくのです。**

夏にはTシャツやポロシャツ、冬にはダウンジャケットやナイロンジャケットといった人気アイテムのデザインやブランドの傾向がわかるようになります。このリサーチの考え

いいね！ ヤフオクの「ウォッチリスト」のように、購入を検討するときのブックマークの役割があります。値下げ待ち以外の使い方としては、ほかの似たような商品と価格や状態を比較検討するために、フォローする代わりに「いいね!」をしておくなどがあります。

方さえわかっていれば、たとえばあなたがお客様のターゲットを変えても、新たな層の人気アイテムが簡単に把握できますし、トレンドが変わっても対応することができます。そして、古着だけでなくどんな商材であっても人気のある商品がわかるので、リサーチはあなたを助けるとても強力な武器になってくれるはずです。

◉Instagram、WEAR、ファッション誌をしゃぶりつくせ

僕たちが仕入れる古着を買ってくれる客層は、18〜22歳ととても若いです。彼らがどこで流行をキャッチしているかというとスマホアプリです。**具体的にはInstagramとWEARです。**

Instagram は写真や動画などビジュアルに特化したSNSアプリで、ファッションとの親和性が非常に高いです。WEAR はアパレル通販のZOZOが運営している、服の全体的なコーディネートをアップできるSNSです。2つともネットで見られるファッション雑誌のようなものですが、従来のファッション雑誌と違うのは誰でもコーディネートを載せられる点です。タレントでもモデルでもない、より身近な一般の人が気軽にファッションを投稿できることがユーザーの心をつかんでいます。

古着男子も古着女子も、この2つのSNSを使いこなしています。WEARで自分がかっこいい・かわいいと思う着こなしをしているユーザーを見つけたら、ハッシュタグで

Instagram Instagramは特に若い世代のユーザーが多いSNSです。古着屋のスタッフや古着好きのインスタグラマーが流行りのコーディネートを発信しているのでリサーチもやりやすいです。

WEAR ファッションに特化した写真系SNS。Instagramには男性の古着コーディネートに触れているアカウントが多くありませんが、WEARにはたくさんあり、男性が着こなしの参考に使っています。

ブランドをチェックしメルカリで購入。服が届いたらそのコーディネートをInstagramやWEARに投稿する。そのような使い方をしています。

僕たち古着転売ヤーも同じようにリサーチしてみましょう。SNS上で「#古着女子」で検索すれば、**古着が似合う古着女子たちの投稿が数多く見られますし、どんなブランド、デザインの古着をどういう風に着こなしているのかが視覚的によくわかります。**「#○○○」はハッシュタグと呼ばれるもので、SNSを使い慣れている人にはおなじみですね。同様に「#古着男子」「#90sfashion」など、いろいろなキーワードで探してみてください。見れば見るほど僕たちの売っている服を買うお客様の輪郭がはっきりしてきますし、コーディネートなどの知識の幅も広がります。ハッシュタグを数珠つなぎに飛び回り、連鎖的に自分の知らない分野を開拓していきましょう。

また、ファッション誌も積極的に活用しましょう。Instagramで影響力のあるインフルエンサーがモデルとして掲載されていることもありますし、次にどういうジャンルが流行るのかを考えるときのヒントになります。たとえば古着女子のことや彼女たちのトレンドをもっと知りたいなら、『mer』（学研プラス）、『mini』（宝島社）などの雑誌がおすすめです。

ハッシュタグ たとえば、#古着女子の「#（ハッシュマーク）」という記号を使ったタグがハッシュタグです。SNS上の無数の投稿をカテゴライズしてアクセスしやすくするとともに、自分の投稿を多くの人の目につきやすくすることができます。

mer（メル）、mini（ミニ） どちらも古着やストリートが中心の女性向けファッション誌で、トレンド古着転売と親和性が高いです。誌面に登場するインフルエンサーや人気モデルのコーディネート例や使用ブランドを押さえておくと何かと役に立ちます。merは電子版のみとなります。

Instagram、WEARでのリサーチ例

Instagram

WEAR

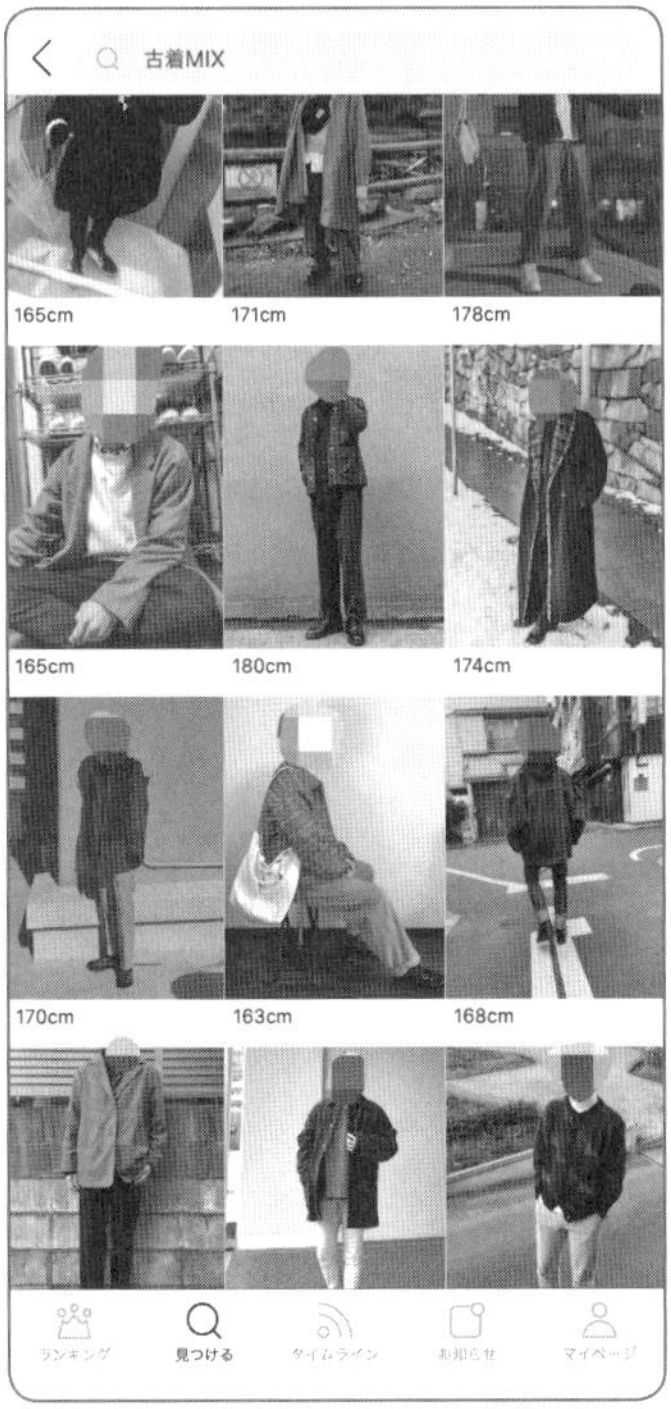

InstagramやWEARなどのファッションSNSには最先端のトレンドがリアルタイムで反映されている。ブランド、デザイン、インフルエンサーなど、人気のキーワードでタグ付けすることで手軽に素早くリサーチすることができる。

古着専門店に行ってみよう

玉石混交な品揃えのリサイクルショップではなく、古着が店主によってセレクトされている古着専門店に行ってみるのもおすすめです。古着屋は高いから仕入れができないというイメージを持っている人が多いのですが、一概には言い切れず、仕入れもできますし、それ以外にもたくさん学べることがあります。手でアイテムに触れることで状態の良し悪しに対する感覚が養えたり、どうやってお店全体の雰囲気・世界観を作っているのかということや、値段のつけ方、どんなブランドが並んでいるのかなどがタダで勉強できます。行かない手はありません。

◉古着の状態について理解を深める

古着転売初心者の方と一緒にお店に行って仕入れを教えていたとき、「こんなに状態が悪い服でも売れるの？」と戸惑うのを何度も見てきました。普段新品の服しか買わない人は、最初のうちはなかなか古着の状態についてピンときません。**綺麗な服じゃないと売れないと、ほとんどの人が思っていました。**

でもじつは、それは思い込みにすぎません。虫食いの穴があいていても、コーヒーのシミがついていても、それを古着独特の味だと思って買う人がいますし、自分で修繕したりクリーニングしたりして、長く使うことを前提に古着を購入する人もいます。綺麗な服じゃないと商品にならないという思い込みを消すためにも古着屋に行きましょう。

◉古着専門店から集客を学ぶ

古着屋の店頭で、いろいろな古着が１０００円程度の値段でワゴンセールとして売られているのを見かけたことがありませんか？　ワゴンセールは古着屋に限らず、家電量販店やスーパーマーケット、ドラッグストア、古本屋などいろんな小売店でありますよね。

もちろんワゴンセールで古着の仕入れもできますが、お店側にとってはワゴンセールの目的は集客です。安い商品を店先に出すことでお客さんの興味をひいて、店内へと誘導します。

そして、その考え方はネットで古着を売る僕たちにも応用できます。つまり、**集客用のアイテムを準備して、それをきっかけに自分のショップに来てもらうということです**。集客するためには、ワゴンセールの考え方をそのまま使って、相場より安い値段で質のよいアイテムを売ることでもいいですし、利益度外視でレアな人気アイテムをあえて高値で仕入れることも効果的です。

たとえば**ノース・フェイスのマウンテンジャケット**や**バーバリーのトレンチコート**などは探している人が多い人気アイテムですが、もし仕入れ値がかさんでしまって利益がほとんど取れないとしてもあえて仕入れます。そして出品し、それらのレアなアイテムでアクセスを稼いだら、ほかの利益が取れるアイテムに誘導し、そっちで利益を確保します。**集客のために広告費をかけるイメージですね。**

⦿古着屋の世界観作りから学ぶ

古着専門店は、その店独自のセンスが内装にも表現されています。ヨーロッパやアメリカから輸入した高額なヴィンテージアイテムをセレクトしているお店や、比較的安価なカジュアルアイテムを並べているお店など、店ごとの個性があり、その世界観に共感したお客様を集める工夫がなされています。

どんなお店にも共通しているのは、プロがセレクトしているという信頼感や安心感の演出です。だからこそ、お客さんも安心して買い物が楽しめますよね。僕たちもこの考え方を取り入れなければなりません。**初心者こそ、ちゃんとプロが選んで売っているよ、というアピールが大事なのです。**

古着転売初心者の方に教えていてありがちなのが、「素人なので検品にミスがあるかもしれません」などの文言を、わざわざメルカリのプロフィールや商品説明欄に載せてしま

ノース・フェイスのマウンテンジャケット 山歩きはもちろん普段着でも使える高機能なジャケットのこと。アメカジでもスポーティでもシンプルでも、どんなスタイルにも合わせやすいことから近年人気が全世代に広がっています。

バーバリーのトレンチコート 新品で買うと20万円は下らないことから、古着で探している人が多いのがトレンチコートです。カジュアルファッションに羽織るだけで雰囲気が変わるので重宝され、中でも裏地にノバチェックがあるものが人気です。

うこと。まだ始めたばかりで自分の実力に自信がないという不安な気持ちはよくわかります。でも古着に限らず、自分が何かを買うとき、お客さんの立場であれば、素人の出品者から積極的にモノを買おうとは思いませんよね。信頼できる人から買いたいと思うはずです。

古着を仕入れたら、「こんなものを売ってクレームが来ないかな？」とかネガティブなことを考えるのはやめて自信満々で売りましょう。**本書で古着転売をきちんと学べば、あなたはもうプロの古着屋です。**自信を持ってもらって大丈夫です。むしろ、「こんなにかっこいい古着を買わないなんて、お客さんセンスないね」くらいの上から目線のノリでいいくらいです。

そのアイテムを納得して買うのはあくまでもお客様。適当なチョイスで仕入れた古着をプロのふりをして売っても売れないですし、信頼を失うだけですが、ちゃんと勉強した上でその古着の魅力を語れば必ずお客様に伝わりますし、売れます。もし自分に自信が持てないのであれば、それはどこかに原因があるはず。その原因をつぶすために勉強して、自信と実力をつけていきましょう。

ネット上でも、実店舗でも、服を売ってビジネスにするという意味で違いはありません。常にアンテナを張って、自分に活かせることはないかと探しましょう。

上から目線　極端な言い方をしましたが、自信のない売り手からお客様は購入しようとは思わないのです。きちんと需要があることをリサーチした上で仕入れたら、あとは自信を持って商品の魅力を伝えることが大事です。

古着転売のための最低限の服の知識

27ページでも触れましたが、古着転売では服の知識をそれほど多く必要としません。僕たちが扱うのは、「Tシャツ」「シャツ」「ポロシャツ」「カーディガン」「スウェット」「パーカー」「ナイロンジャケット」「ジャージ」「ダウンジャケット」が主なものです。これらの形が頭に思い浮かべばそれで大丈夫です。正確に、いつどの国で製造されたのかとか、このタグは何年もののヴィンテージだとか、**難しい知識は基本的には必要ありません。**

ここでは、それぞれのジャンルごとの服の仕入れポイントを見ていくことにしましょう。

✱Tシャツ

87ページ以降で述べたブランドごとのポイントを踏まえた上で、ブランドのロゴマークがワンポイントでもビッグロゴでも、どちらの場合でもきちんとあるか、サイズはビッグシルエットで着れるほど大きいか（Lサイズ以上推奨）という基本を押さえておきましょう。

＊シャツ

Tシャツとともに春夏の主力となり、秋まで売れていく優秀なアイテムです。仕入れ単価を安く抑えることができるため、数を集めたいときにも重宝するでしょう。オーバーサイズで着用できるように大きいサイズのもの、胸元にワンポイントのロゴがあるものが仕入れ対象です。リサイクルショップなどで最も仕入れやすいブランドはラルフローレンです。その時期に流行っているカラーのものを仕入れると、より高額で売れることもあります。

＊ポロシャツ

状態の見極めと素材が重要になります。襟元がヨレているものは避けてください。白以外のカラーでは色あせにも注意してください。退色していると売れ行きが鈍ります。

また、コットン素材が最もカジュアルに着ることができるため古着好きに人気です。逆に速乾ドライ素材やツルツルしたポリエステル混素材など、カジュアルシーンから離れてゴルフやテニスなどのスポーツ用途やビジネス用途に近づくとターゲットに響かないため仕入れないほうがよいです。素材、状態を確認したら、胸にワンポイントのロゴマークがあるかチェックしましょう。

✱カーディガン

春、秋によく売れていきます。ポロシャツと同じく胸にワンポイントのブランドロゴがあれば仕入れましょう。毛玉があって安くなっている場合、安価で手に入る毛玉取り機を使って毛玉を取れば、いい値段で売ることができます。

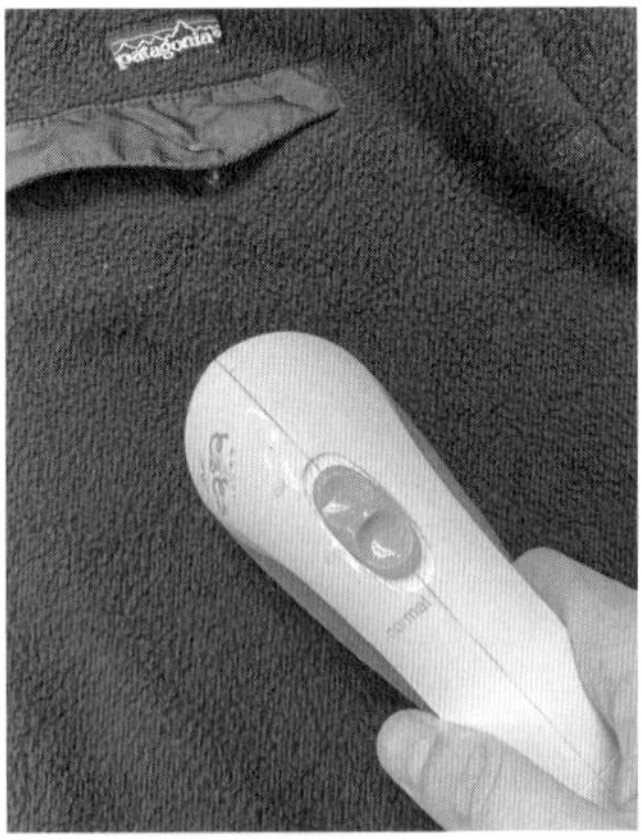

毛玉取り機は家電量販店やネットで1,000～2,000円程度。電動タイプのものであれば簡単に毛玉が取れる。毛玉がたくさんあるために安くなっているアイテムを仕入れ、毛玉を取って高く売ろう。

✱スウェット&パーカー

1年中売れていきますし、古着のコーディネートの王道なので積極的に仕入れたいアイテムです。基本的な仕入れの考え方はTシャツと同じで、ブランドロゴがあるかどうか、オーバーサイズで着れるかどうかが重要です。ワンポイントロゴでも高値になりますし、どのようなブランドでもロゴがあるだけで売れやすいです。

＊ナイロンジャケット

高額で売れやすいので春秋冬の仕入れの中心に据えるべきアイテムです。特にスポーツ系ブランド、アウトドア系ブランドが仕入れやすいです。写真映えのする派手なデザインも多く、また発送の際に小さく折り畳むことができるため送料を抑えられるのも特徴です。

注意すべきなのは、機能性に特化したジョギング用などのツルツルした素材は仕入れNGです。ガサガサした素材のものが90年代以前に作られたアイテムなので、古着屋に行って現物に触れてみてください。

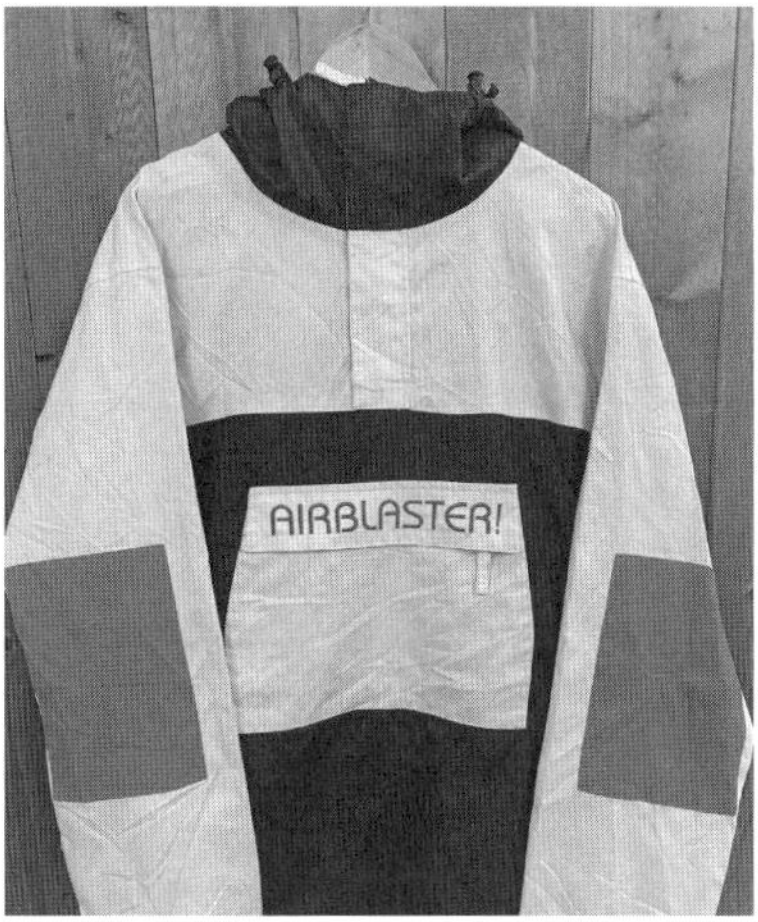

プルオーバージャケットは頭からかぶる、服の前が開かない服のこと。胸のあたりまでジップがついているハーフジップも人気。

デザインに関しては、古着女子・男子ともにレディースっぽいピンク色などの配色は好まれません。メンズっぽい黒やネイビーを狙いましょう。またサッカークラブとのコラボアイテムなども、古着女子・男子は欲しがらないので、ターゲットを意識して無駄な仕入れをしないように気をつけましょう。プルオーバージャケットと呼ばれ

ガサガサした素材　シワ加工のような、表面がガサガサ、ザラザラした手触りのこと。ナイキが、90年代を意識した、このようなシワ加工を施したナイロンジャケットの新作を出しています。

る、スウェットのように頭からすっぽりかぶれるアイテムはナイロンジャケットの中でも人気が高いので要チェックです。

＊ジャージ

スポーツに特化したデザインは売れにくいです。見極めるポイントとしては、スポーツ用途のジャージは脇の下のデザインが異素材で切り替えられていたり、汗を逃すようなメッシュ素材が使われています。これらはカジュアルに着るのは難しいので古着好きに訴求できません。

またカジュアルシーンで使えるか、スポーツ用途にしか使えないかは、「袖と裾のリブの有無」でも判断できます。リブがあれば途端にカジュアルになり、プライベートでも着やすくなります。ナイロンジャケットと同じく、サッカークラブのロゴが入ったものは売れにくいです。

⊙スポーツＭＩＸと本気のスポーツの見極めは？

ここで、スポーツＭＩＸの考え方について補足しておきます。最初は「本気のスポーツアパレル」と「スポーツＭＩＸスタイルでカジュアルに合わせられるスポーツアパレル」の見極めが難しいと思います。**一番手っとり早いのは古着屋に行って直接見ることです。**

リブ 袖の先端や裾にある、縦に筋の入った伸縮する部分のこと。リブの有無で服全体の雰囲気が変わります。リブがないジャージやナイロンジャケットはカジュアルなファッションに取り入れにくいので仕入れないようにしましょう。

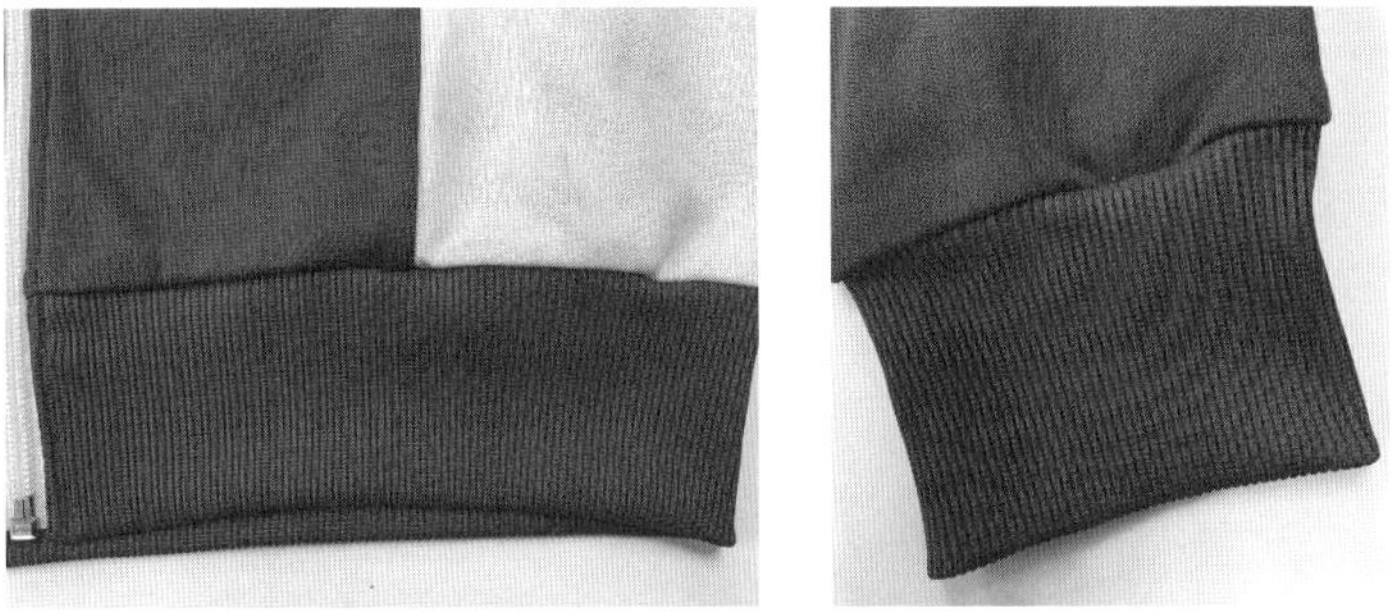

裾や袖の、伸縮する機能を持つ部分がリブ。

古着専門店で売られているスポーツアパレルを見て、仕入れ対象であるカジュアルなニュアンスとはこういうことで、仕入れ対象外の本気のスポーツアイテムとはこういうものかとぜひ見比べてください。何度も見ればニュアンスがつかめてきます。

まとめると、ピンク色などの**女性らしい配色**はNGで、ナイロンジャケットはツルツルした素材でないか、ジャージは袖や裾にリブがあるかがチェックポイントになります。それらを踏まえて見ていきましょう。

＊ダウンジャケット

カジュアル系ブランド、スポーツ系ブランド、アウトドア系ブランドなど、どのジャンルでも全般的に仕入れやすく高単価で売れるため、冬場の売上の柱になってくれるアイテムです。古着好きのみならず、老若男女をターゲットに狙え、夏場でも登山や海外旅行のために探している人がいるので初心者でも売りやすいです。さらに

女性らしい配色 そもそもトレンド古着がメンズアイテムを女性が着るものであることから、ワンピースやブラウスなどメンズアイテムが存在しないものを除けば、トレンド古着を探しているターゲット層にレディースアイテムは売りにくいです。

ダウンジャケット特有のメリットとして、ノーブランドでも売れやすいということがあります。なんとユニクロやGUのダウンジャケットも売れます。もちろんブランドアイテムであればなおよしです。

　ダウンジャケットを仕入れる際のポイントは1つです。ジャケットの内側、脇腹あたりやポケットの中にあるタグの品質表示を見て、**「ダウン」「フェザー」と記載があれば仕入れ対象です**。ダウンの混合率が高いほど暖かく、一般的には高級品とされています。リサーチをして利益が取れそうなら仕入れましょう。外見はもこもこしたダウンジャケット風でも、素材がポリエステルの中綿であればダウンジャケットではないので間違えて仕入れないように気をつけてください。

　デザインやカラーについては、仕入れ対象外となるものは特になく、シンプルなものでも派手なものでも需要があります。状態に関しては、中から羽毛が飛び出しているものがあるのでそのチェックをしましょう。高額で売れる分、仕入れ値もTシャツなどに比べるとどうしても高騰するので状態の見極めは慎重に。一度ご自身で試着してみて、ジップの破損がないか、ポケットに破れはないか、羽が飛び出ていないかなどをチェックするとより確実です。

column

いままで歩んできた道の先に成功はない

僕は会社員時代、まったくやりがいが感じられないストレスまみれの日々を鬱々と過ごしながら、それでも**自分を変える努力をしませんでした。**能力がないのがわかっていながら、自分を成長させるような勉強をしませんでした。何度も同じようなミスを犯し上司に絞られ、いつも二度とミスを犯さないようにしようと決意するのですが、じゃあ具体的にどういう行動を取るのかというと、何もしないのです。勉強なんて大学受験が終わってから一切やりませんでした。

しかし、半ば衝動的に会社を辞めて収入がなくなりました。何かを自発的に始めないとゲームオーバーです。二度と会社員をやりたくなかった僕は自分でビジネスを始める道を選び、何もわからないので勉強することにしました。最初はネットビジネスのジャンルから。どういうビジネスがあるのか学び、アフィリエイトやAmazon転売に手を出してみて上手くいかず、それらのビジネスが自分に向いていないと気づきました。

いちいち凹んでいられないので、さらに勉強を進め、服が好きだという安易な理由で、当時は誰もやっていなかった古着転売を始め、全然売れなくてまた凹まされ、どうすれば売れるようになるんだともがき苦しみながらマーケティングを学び、だんだんと売れるようになり、それで売り方を教える経営コンサルティングを始めたものの、コンサルティングのことは無知だったのでまた勉強し……。本当に何もわからず、わからないことだらけなので勉強する。その繰り返しでした。

　こうして過去の愚かな自分を振り返ってみてつくづく思うのが、僕には何の才能もなかったということです。いまもやはり才能はないと思っています。じゃあ何が自分を変えたのかというと、会社を退職して精神的にも経済的にも追い詰められたときに、**やけくそでそれまでの自分のやり方、考え方を全部変えたことです**。オセロのように白と黒をすべてひっくり返しました。アホな自分の考え方が自分を苦しめている。それだったら一度、いまの自分が考えることと真逆のことをやってみようと思いました。

　それまでの自分であれば、ネットビジネスは怪しいからとやらなかったと思います。ビジネスを学ぶために累計１０００万円以上身銭を切ることもやらなかったでしょう。本を書くなんて大それたことが自分にできるなんて考えもしなかったと思います。でも、何をやってもダメだった自分が変わるためには、一度すべてを壊す必要がありましたし、壊して本当によかったです。本書があなたの価値観を壊し、新しい世界に導ける助けになればとても嬉しいなと思います。

累計1,000万円以上身銭を切る 起業して以来、稼いだ利益は貯金したりせず、そのまま次の学びに再投資していました。マーケティング、ビジネスモデルの組み方、コンサルティングのノウハウなどなど……。独学では成長するスピードが遅いとわかっていたので、お金を払ってひたすら専門家に教えを請いました。結果的に業績も伸び、複数のビジネスを並行してやれているのでよかったです。

第3章

いよいよ仕入れをしてみよう

STEP3：実践

第3章 いよいよ仕入れをしてみよう【STEP3:実践】

販売するお客様が学生さんというのは分かったのですが
どんなアイテムを仕入れたらいいんですか？
仕入れるアイテムはカジュアルなものが中心です
学生さんに人気なカジュアルファッション
おすすめ仕入れアイテム
ナイロンジャケット
パーカー
スウェット
シャツ
Tシャツ
お店に並んでいるたくさんのアイテムの中から掘り出し物を見つける快感はまさに宝探し！
これはお客様に喜んでもらえそう…
売れることを想像しながら楽しく仕入れましょう

リサイクルショップとフリーマーケットで仕入れる

これまで、古着転売の全体像と、誰にどんな古着を売るのかという理論のお話をしてきました。ここまでのことが頭に入ったら、いよいよ次は実践の段階に入ります。仕入れに行ってみましょう。

本章では、リサイクルショップとフリーマーケットでの古着の仕入れ方を紹介します。まず、リサイクルショップとフリーマーケットの違い、それぞれの強みと弱みを理解してもらいます。

◉リサイクルショップのメリットとデメリット

古着転売初心者の方は、まずはリサイクルショップに行きましょう。**ある程度状態のよいアイテムがジャンルごとにまとまっていて見やすいからです。**ジャンルも品揃えも混沌としているフリマに比べ、リサイクルショップはTシャツならTシャツのコーナー、スウェットならスウェットのコーナーがあり整理されています。

それらの棚を隅から隅まで見ていくことで、どんなデザインのアイテムが、どのくらいの値段で販売されているのか確認することができます。そして目を皿にして見ている途中、あなたの仕入れセンサーに引っかかるアイテムがあったら、その場でメルカリで調べれば、その判断が正しいのか間違っているのか、そのアイテムが売りやすいのかどうかの答え合わせができます。

リサイクルショップでの仕入れは、古着転売初心者の方にとって、ジャンルごとに区分けされた質のよい古着にたくさん触れられることが大きなメリットです。デメリットは、**リサイクルショップはフリマに比べるとどうしても全体的に仕入れ値が高くなってしまうことです。**これはデメリットというよりは、フリマの商品が安すぎると表現したほうが正しいかもしれません。

◉フリーマーケットのメリットとデメリット

古着転売に慣れてきたら、週末に各地で開催されているフリーマーケットに出かけることをおすすめします。何といっても**仕入れ値がとにかく安いのがメリットです。**半端なく安いので最初はびっくりするかもしれません。

ハンガーラックに古着を陳列した見やすい店もありますが、狙いたいのは古着が山のように積まれている店。そういう店はだいたいが100～500円程度の価格帯で、山の中にはボロボロでどうやっても着られなさそうな代物から、洗濯して綺麗にするだけで高く

仕入れセンサーに引っかかるアイテム 頭の中に売れるデザインのイメージを思い浮かべながら棚をかき分けていると、必ずアンテナに引っかかるアイテムが出てきます。引っかかったら、確実に売れるアイテムはもちろん仕入れ、判断がつかないものはデザインの特徴をメモって時間のあるときに調べます。繰り返すたびに実力がつき、仕入れ時間を短縮できるようになります。

綺麗に陳列されているお店から、古着が山のように積まれて「つめ放題〇〇円」のお店まで、混沌もフリーマーケットの魅力の1つ。

売れるアイテムに化けるものまで、まさに玉石混交の品揃えです。ただし「これいくらで売れるかな？」とリサーチに時間をかけ、迷っている隙によいアイテムはなくなっていきます。フリマの仕入れはスピード勝負。デザインの良し悪しがすぐに判断できるようになってから仕入れに行くとよいでしょう。

リサイクルショップとは違い、店主と値引き交渉も可能で、さらにまとめて買うと安くなる場合もあるので、一度の機会で安く大量に仕入れがしやすいことも魅力の1つです。

デメリットは、**フリマの商品はジッパーが破損していたり、洗濯しても取れなさそうな大きなシミがあったりと、売り物にならないほど状態が悪いアイテムがあること**。フリマの商品が安いのは、店側が商品を選別する手順を省略しているからです。仕入れに見合うかどうか状態をしっかり確認するのは僕たちの仕事になります。

店主と値引き交渉も可能 フリーマーケットでは売り手と買い手の距離が近く、交渉次第で値引きしてもらえることがあります。閉店間際に傷や汚れがあるもの、季節外れのアイテムなどを狙って交渉を持ちかけてみると安くなるかもしれません。

リサイクルショップとフリーマーケットの違い

リサイクルショップ

- **状態のよいアイテムばかり**
  →店側で選別されているため
- **ジャンルごとにまとまっている**
  →ブランドやカテゴリで
  分類されていて見やすい

初心者におすすめ

フリーマーケット

- **とにかく値段が安い**
  →品揃えが玉石混交。
  コンディションもまちまち
- **店主との値段交渉が可能**
  →こちらの提案次第でさらに
  安くなることも

仕入れのお金をとにかく抑えたい方、
古着転売に慣れてきた方におすすめ

リサイクルショップ活用編

それでは、ここからはリサイクルショップでの仕入れの方法を詳しくお話しします。

31ページで述べたとおり古着にはバーコードがないため、リサイクルショップごとに個性や得意なジャンルは千差万別で、また店員さんの知識によって値段がかなり違います。そんな店ごとの特徴をつかみ、たくさんの古着の中から高く売れるアイテムを見つけ出したときの喜びは古着転売の醍醐味といえるものです。

◎お宝アイテムが眠る場所

仕入れ対象の古着を探す方法は難しくありません。Ｔシャツ、スウェット、ジャケットなど、**大まかな服のジャンルで区別されている陳列棚を集中的に見ていくだけです。**

ブランドごとに分けられている陳列棚は、ネット上で販売されている相場に合わせた値付けをされていることが多く、なかなか掘り出し物はありません。ブランドアイテムは高額で売れるため、店側も厳密に値段をつけているのです。1万円で売れる見込みのブランドＴシャツを、誤ってノーブランド扱いで５００円で売ってでもしたら大損ですからね

（実際はよくあること ですが）。ただ仕入れ目的ではなく、トレンドのリサーチや値段のつけ方などを勉強するつもりで見ていけば、ブランドカテゴリの棚からも得られるものはたくさんあるでしょう。

ジャンルごとに分かれた棚は５００～３０００円程度と、ブランドコーナーに比べ安価な値段で売られているものが多く、ここにお宝があります。仕入れのときは、まずはここをひたすら掘っていきましょう。

◉デザイン→ブランド→サイズ→状態→値段の順にチェックする

古着のチェックは、まずデザインからです。なぜなら、ナイキやアディダス、ラルフローレンなど人気ブランドであっても、**デザインがターゲットに好まれない限り見向きもされないからです**。デザインが悪ければ売れません。よって、最初はロゴの有無やカラーリングなどのデザインを見極めます。この最初の段階で、人気ブランドであってもロゴがないアイテムなどをふるい落とします。

デザインがよければ、次にブランドを見ます。87～１０２ページで挙げたブランドであれば問題ありません。ブランドは星の数ほど存在しているので、87～１０２ページのブランドを参考に 派生的に覚えていく とさらに仕入れの幅が広がります。慣れてきたらブランドの知識も増やしていきましょう。

実際はよくあること 姿を消してはすぐに新たに生まれてくるアパレルブランドのすべてを把握することは不可能に近いです。ハイブランドのなくなったブランドライン、新興のストリートブランドなどが安く仕入れられたりします。バンドや映画などニッチなカルチャー系もありますね。

派生的に覚えていく 1つのブランドから数珠つなぎに、網の目のようにたどっていくのがおすすめです。たとえばストリートブランドのルーツから、影響を与えた人物や出来事をひたすら調べていく。一気に知識が増えます。忘れないようにノートにまとめましょう。僕はジャンルごとにExcelに保存しています。

次にサイズを見ます。大きく着るのが現在のトレンドなので、タグの表記が「XS」「S」であれば、よほど実際のサイズ感が大きくない限り仕入れ対象から外します。「M」であれば検討し、「L」以上なら女性が着ればオーバーサイズになるので逃さず仕入れます。

デザインもブランドもサイズもよければ状態をチェックします。たとえばTシャツであれば、首元はヨレていないか、脇の下に穴があいていないか、シミがあれば洗濯で落ちる程度か。セーターであれば毛玉や穴はないか。ジャケットであればジップはきちんと閉まるか、ポケットに穴があいていないか。実際に着用してみるのが一番確実です。

ここまでの4つのゲートを突破すれば、いよいよ最後の値段チェックです。65ページで触れたとおり、古着にはおおよそこのくらいの値段で売れるという相場があります。ブランドやデザインにも左右されますが、本書で挙げたブランドであればTシャツはおおよそ2500～4000円。スウェットは3000～5000円程度で売れるという目安があります。

たとえば、状態がいいLサイズのナイキのワンポイントロゴTシャツを見つけたとします。これなら少なくともだいたい3000円以上で売れるだろうと予測を立てます（もし不安なら、メルカリを立ち上げて「販売状況」で「売り切れ」にチェックを入れ、「並べ替え」で「いいね！順」でソートをかけて実売価格を確認するとより確実です）。その情

古着をチェックする順番

1 デザイン
- 最も重要
- ロゴがあるかないか
- キャラクターなどもチェック

2 ブランド
- 人気のブランドか
- 慣れてきたらストリート系（特にスケートボード）のブランドも派生的に覚えていくとよい

3 サイズ
- オーバーサイズで着れるか（表記サイズと実寸で判断）

4 状　態
- 首元、襟元のヨレ
- 毛玉
- シミは落ちそうか
- 穴はあいていないか
- ジップは閉まるか
- 色あせ

5 値　段
- 自分の実力、戦略に合わせて判断する

報をもとに、Ｔシャツの値札を見て、５００円だったら１５００円以上の利益が出るので迷わず仕入れてよいですし、１５００円程度の値段でもメルカリの手数料や送料を差し引いても５００円ほどの利益が出ます。値段による仕入れの基準は人それぞれで、「５００円の利益なら仕入れるのはやめよう」でもかまいませんし、「まだ古着転売に慣れてないから経験のために薄利だけど仕入れてみよう」でもいいでしょう。**そのときの自分の実力レベル、目指す利益に合わせて柔軟に考えていきましょう。**

◉最初は時間をかけてじっくり棚を見ることで実力がついてくる

リサイクルショップでの仕入れの流れをまとめると、ジャンルごとに分けられた棚を端から丹念に見ていきます。その中でよいデザインがあったら立ち止まり、アイテムを抜き出してブランドをタグやロゴなどでチェック。サイズや状態もよければメルカリでの売値をイメージしつつ値札を確認。ＧＯサインを出せるなら買い物かごに入れる。これで一連の流れが終わりです。

最初は仕入れにかなり時間がかかると思います。そのとき自分が、**仕入れの際、何がわからなくて、どこで迷って時間がかかっているのかを、この一連の流れの中で振り返ってみましょう。**もしブランドがわからなくて店頭で1点1点リサーチしてしまうのであればブランドの知識を重点的に学ぶべきですし、デザインがピンとこなくて迷ってしまうので

値段による仕入れの基準は人それぞれ たとえばすぐに現金が欲しいのであれば、300円でも500円でも利益が取れればいいと考え売っていくのがベターです。物販ですので基本的には回転を優先させるべきです。慣れるまでは目先の利益にとらわれて売るスピードを落とすのではなく、どんどん売ってしまいましょう。

あればInstagramなどで古着好きのコーディネートを数多く見る必要があります。売値のイメージがついていないのなら、メルカリでほかの古着出品者たちがどんなアイテムをどんな値段で売っているのかひたすらリサーチしましょう。

このように1つひとつ、**自分がつまずいているポイントを客観的に把握することで確実に実力がついていきます。**慣れさえすれば時間もかからず、ささっと仕入れができるようになるので、そのレベルを目指しましょう。

⦿古着のサイズで一番気にして欲しいこと

サイズに関して重要なことは、とにもかくにも**古着女子・男子のお客様が大きく着用できるかどうかです。**いくらデザインがよいブランドアイテムでも、サイズが小さければ途端に売れるスピードが落ちてしまいます。

古着女子の身長は１４０センチ後半～１６０センチほどがボリュームゾーンだと考えると、メンズアイテムのMサイズであっても大きめにかわいく着ることができますが、同じアイテムを女子よりも身長が高い古着男子に売るとすると、「M」ではジャストサイズになってしまうため売れにくくなります。つまり、**仕入れたアイテムのサイズによって売る相手を変える必要があるのです。**

もっともMサイズ＝古着男子NGということはなく、タグに記載されているサイズが

「Ｍ」でも、たとえば海外製で作りが大きく、実際の着用感が大きいのであれば仕入れて大丈夫です。大事なのは、あくまでも購入者が着用したときに、大きく着ることができるかどうか。極端なことをいえば、タグの表記が「ＸＳ」でも実際は大きい作りになっていてメンズＭ程度のサイズ感であれば仕入れてよいということです。

◎古着の状態を測るモノサシを作る

古着転売初心者がなかなか感覚をつかめないのが、服の状態の良し悪しについてです。「えっこんなに汚くても売れるの？」「襟元がちょっとヨレてるけど、これでも気に入って着る人がいるんだ」という感想をしょっちゅういただきます。これまで新品専門で、古着を着たことがない方は特に戸惑うようです。

古着の状態の良し悪しを感覚的に身につけるには、**古着専門店に行って現物の古着をひたすら見るのが最も手っとり早い方法です。**状態に関して神経質になりすぎていたり、逆に大雑把になりすぎていたりという自分の思い込みを修正することができます。

古着女子は服の状態に関して古着男子よりシビアです。状態が悪いものよりよいもののほうが明らかに早く売れます。古着男子は女子に比べるとコンディションに寛容なので、古着男子向けにあえて状態が悪いアイテムを仕入れる戦略もあります。状態がよいものは古着女子に向けて売り、そこまで綺麗じゃないものは古着男子に売るというように売る相

海外製で作りが大きく 日本製とアメリカ製ではワンサイズほど大きさが異なることがあります。日本製でいつもMサイズを着用している人が、アメリカ製のものだとSサイズがぴったりというようなことがあります。

古着の状態について

首元、襟元のヨレ、穴、シミなど、古着のコンディションを客観的に知るには古着屋に行くのがおすすめ。

セレクトされたアイテムをいくつも見ることで主観を修正できる。

男性に売るなら→大雑把に
女性に売るなら→神経質に

⊙リサイクルショップでは状態が悪いと安くなっていることがある。

⊙シミ抜き、毛玉取りなど一手間かけてライバルを出し抜こう。

手を変えるとよいでしょう。

たとえばTシャツの脇の下がほつれて小さい穴があいていたとします。その穴のために、本来リサイクルショップで２０００円程度の値段で販売されているアイテムが１０００円以下の安値になっているといったことはよくあります。そういう難ありアイテムを仕入れ、同色の糸でかけつぎをしたり、１００円ショップにある簡単な補修グッズで穴をふさぎ、一手間かける代わりにより高く売ることをすれば、**これまで状態が原因で手が出せなかったアイテムが仕入れられるようになります**。ボタンが取れていればボタンをつけ直す。襟元の黄ばみや食べこぼしのシミなど洗濯すれば意外と簡単に綺麗になることも多いです。

その手間が面倒なのでみんな状態のよいものを選り分けて仕入れるわけですが、あえてその逆を行くことでライバルを出し抜くことができるということです。利幅が通常の仕入れよりも大きくなるので、手間はかかるものの一考の余地はあるでしょう。

◉売値をイメージするための相場の調べ方

ここまで話してきた仕入れの基準をすべてクリアしていても、仕入れ値が高ければ利益が出ないため（後述する集客用の仕入れを除いて）仕入れができません。どれくらいの利益を狙っていくのか？　それに合わせて仕入れ金額が決定します。

洗濯 洗濯しても取れない汚れは、市販の洗剤でシミ抜きをしましょう。アウターなど高単価で売れるアイテムであれば、クリーニングに持っていくのもよいです。Tシャツなど単価が低いアイテムはシミ抜きの手間を省くために仕入れないなどやり方を考えましょう。ひどい汚れや臭いがなければ洗濯は省略してもOKです。

ナイキのTシャツの相場をリサーチ。ずらりと並んだアイテムの中から、「ブランド」「服のジャンル」「ロゴ」を基準に自分のアイテムと似たものを探していく。

メルカリを見渡すといろいろな人がいろいろな値段で販売しています。たとえばリサイクルショップで２０００円で販売しているナイキのTシャツを見つけ、そのTシャツのメルカリでの相場を調べたいとします。**「販売状況」で「売り切れ」にチェックを入れ、「並べ替え」で「いいね！順」でソートをかけたら、その中で似ているデザインのものを探しましょう。**たとえばワンポイントロゴとビッグロゴでは値段が違いますし、サイズやカラーによっても値段が変わってきます。ただし厳密にしすぎると比較対象がなくなってしまうので、「ブランド」「服のジャンル」「ロゴ」のざっくりした基準で似ているアイテムを探しましょう。

　さて、そんな同じようなアイテムなのに、１０００円で売っている人もいれば５０００円で売っている人もいます。**初心者のうちは大雑把な値段の傾向をつかんだら、最も高値で売れている価格のだいたい2割引程度で売れると考え、仕入れの判断基準としましょう。**もし５０００円で売り切れている人が5人いて１０００円で売っている人が1人いた場合、売れる相場は５０００円なので、初心者で実績がなくても、相場より安い４０００円で出品したらすぐに売れていきます。

５０００円が相場であれば、２０００円で仕入れても1着で２０００円以上の利益が取れますし、人気のナイキであればすぐ売れていくだろうという予測が立てられます。３０００円が相場であれば、仕入れ金額２０００円は高いな、1着あたりでもうちょっと利益が欲しいからとりあえずスルーしとくか、という判断もできます。そこの考え方は人それぞれです。初心者の段階では、５０００円で売れている商品を見つけたら、それより少し安い金額で売ることを考え１０００～２０００円を仕入れ値としてイメージしましょう。慣れてきたら仕入れの数を増やすためにもっと高単価なアイテムの仕入れを狙いましょう。そのときも考え方は同じです。相場を確認し、いくら利益が取れそうなのか？　その見込める利益でＯＫであれば仕入れましょう。

◉相場を調べつつ勝手に出品者をコンサルしてみる

余裕があれば相場を知るためだけにこの作業をするのではなく、なぜ似たようなアイテムなのに出品者によってこんなにも値段に差が出るのか？　ということも分析したいところです。

値段を下げないと売れない出品者と、値段をあげても売れる出品者が存在しているわけで、前者はなぜ高く売れないのか、その原因を分析し改善点を探すのです。写真が悪いのか、集客ができていないのか、タイトルが悪いのか、それともその全部なのか。もし自分が同じアイテムを高く売るとしたら、どの部分を改善するべきなのか？　これを勝手に考える＝勝手に出品者をコンサルティングします。高く売れている人との違いを比較することになり、気づくことがたくさんあります。**翻って、自分の販売ページはどうなっているのか。きちんと商品の魅力が見込み客に伝わっているだろうか。自分自身へのフィードバックになりものすごくレベルアップできます。**

◉商品価値をあげるタグの情報

アイテムのタグには、生産国や素材などサイズ以外の情報も記載されていることがあります。タグをきちんと確認することで、商品価値があがりより高く売れるアイテムを見つけることができます。

たとえば**アメリカ製の古着はアジア製と比べて高く売れます。**90年代ファッショントレンドに深い影響を与えている音楽や映画、スケートボードやサーフィンなどの各種カルチャーはアメリカ発祥が多く、古い時代に作られたアメリカ製のアイテムは価値があがるからです。品質的によいものが多いことから、２０００年代以降に大量生産されたアジア製のアイテムより高額で売れていきます。

また ナイキの銀タグ や トミーヒルフィガーのフラッグロゴタグ など、90年代に製造、流通していたアイテムも、現在流通しているアイテムとは形や雰囲気が別物で探しているファンが多く、やはり価値があります。

ただし、あくまでも生産国や生産年代はプラスアルファであって、**お客様がどこにひかれてその服を買うのかという本質的な意味での価値はデザインです。**特に古着女子はその古着の出自にあまり興味を持ちません。デザインがかわいいから買う。古着女子にはそんな人が多いです。逆に古着男子は年代や生産国といった、その古着が持つストーリーに魅力を感じる傾向があるため、そのようなアイテムは男子向けと考えて展開するとより刺さりやすいです。

◎季節ごとのおすすめ仕入れアイテム 秋〜冬（9月〜2月）

アパレル業界の最も売上があがる時期は秋冬です。アウターなど高単価で売れるアイテムが多いこと、コーディネートが春夏に比べると多彩で、スタイルに合わせていろいろなアイテムをお客様に提案できることなどが要因として挙げられます。

品質的にもよい リサイクルショップでも素材がよいものは触ればわかります。スウェットでもTシャツでも肉厚の素材で丈夫そうだったり、触り心地がよかったり。その品質のよさから逆算して考え、知らないブランドでもメモって知識化できると最高ですね。**ナイキの銀タグ** タグで製造年が判断できますが、ナイキの銀タグは80年代後半から90年代にかけて製造されたことを示します。銀色をバックに赤色でスウッシュロゴが描かれているデザインのタグです。数が多いので、それより以前に製造されたアイテムより仕入れやすいのがメリットです。**トミーヒルフィガーのフラッグロゴタグ** 現行品のタグは「TOMMY HILFIGER」の表記がある横に細長いデザインですが、古いタグはブランド表記がなく白と赤のフラッグロゴが描かれています。

売れる時期の目安としては、8月中旬、お盆を過ぎたあたりから早くも秋物、冬物が売れ始めます。長袖のTシャツ、カーディガン、セーター、長袖シャツ、スウェット、ナイロンジャケット、ジャージ、ダウンジャケットなど、高利益が望めるアイテムの売上に占める割合が増えていきます。特に最近の日本の気候が春と秋が短くなっていることも影響してか、厚手のナイロンジャケットやダウンジャケットなどの本格的な冬物のニーズが高いです。1年で最も服が売れるといわれる11月～12月までにそれらをなるべく多く仕入れておきましょう。売上は9月～年末でピークを迎えます。**厚手の冬物は2月までに売り切ることを想定してください。**

◉季節ごとのおすすめ仕入れアイテム　春～夏（3月～8月）

春夏はTシャツとポロシャツを中心に売っていきます。また、手軽に羽織れて便利なジャージや薄手のナイロンジャケット、スウェットも売れやすいです。これらのアイテムは年間を通して売れます。また、後述しますが冬物を仕入れても売れないことはありません。さすがに真冬に比べると売れ行きは鈍りますが、海外旅行に出かける人などの需要が少なからずあります。

それに関連して、ノース・フェイスやパタゴニアなどのアウトドア系ブランドのアイテムは夏でも売れやすいジャンルです。キャンプやバーベキュー、夏の音楽フェスなど、シ

本格的な冬物のニーズが高い　春と秋に着るカーディガンや薄手のセーターやスウェット、長袖Tシャツなどの需要が以前より減少しており、その代わりに厚手のアウターなどの需要が高まっています。

チューションごとに見込み客が探していそうなアイテムをリサーチして販売すると、単価が下がる夏に売上の下振れをカバーできます。ただやはり基本はTシャツなどの薄物で、冬物に比べどうしても単価が安くなってしまうため、**春夏で利益を出すためには量を仕入れること、そして早いサイクルで売っていくことが必要になります。**

◉仕入れ値500〜1000円程度ならテストマーケティングをしよう

初心者のうちは、リサイクルショップの陳列棚に立ち止まって1着ずつ見ていくたびに、仕入れに迷って手が止まることが多々あると思います。

「この古着、デザインはいいけどブランドの人気があんまりないんだよなあ。でも値段が安い。どうしよう?」「めちゃくちゃデザインがかわいいし、アメリカ製で付加価値もついてる。いかにも古着男子にウケそう。でもノーブランドなのがネックだな」というような状況に出くわすことでしょう。

そういうときは実力を蓄えるためにも、**仕入れ値が1000円以下なら思いきって仕入れてみることをおすすめします。**これはテストマーケティングという考え方です。迷った末、試しに仕入れたアイテムをメルカリに出品し、お客様からのアクセスや「いいね!」の反応を見ることで、自分の判断が正しかったのか間違っていたのかがわかります。売れるかどうかわからないアイテムを試しに仕入れることで、分析する機会を作ることがで

ノーブランド ブランド力がないアイテムを売れるようになることは、あなたにマーケティングの実力がついてきたことの証明にほかなりません。この例のように、デザインがよく、生産国がアメリカでサイズが大きければ、集客さえできれば売れていきます。競合する相手がいないので相場も自分が作るようなものです。大胆な値段をつけても面白いですね。**分析する機会を作る** 自分で考える力をつけることは応用力という名の財産になります。たとえばテストマーケティングの発想がないと、確実に利益が取れるとわかりきった古着しか仕入れることができないため、ある一定のラインで成長が止まります。テストをすれば自分だけのデータが蓄積されていき、仕入れられる範囲が広がっていきます。分析はすればするだけ頭の回転が速くなるのでぜひやってみてください。

きるのです。

もしそれが目論見どおり売れたら、そのデータは次回の仕入れに活かすことができますし、売れなかったとしても、次からは似たようなアイテムの仕入れに迷わなくなります。それは経験としてあなたの中に残り、自分だけの財産になります。１０００円以下でその知識が手に入ったと考えれば安い投資です。

逆に、もしそのアイテムを仕入れなかったら、また同じような状況になったときに迷うことになるので精神的によくないですし、そもそも迷う時間がもったいないです。安い金額で売れそうな見込みがあるなら自分の成長のためにどんどん仕入れにチャレンジしていきましょう。

◉集客用のアイテムと利益を取るためのアイテムを分ける

１１３ページでも軽く触れましたが、**そのアイテムを集客のために仕入れるのか、それとも利益を取るために仕入れるのかということを考えるのはとても大事です。**

集客用のアイテムは、お店でたとえるならセールの特売品です。ワゴンセールです。それらのアイテムは利益度外視で、とにかくお客様に足を運んでもらうことを目的としています。そしてセール品目当てに来店したお客様に店内をじっくり見てもらい、利益が出る商品を買ってもらいます。ネットでの古着の販売に、この考え方を応用します。

ノース・フェイスやパタゴニアなどのアウトドア系ブランドは、古着の定番で常に需要があるため、それらのアイテムがアカウントにあれば確実な集客が見込めます。ただ、ノース・フェイスなどがリサイクルショップで安く売られていることはまれです。仕入れても通常の利益は望めません。

そこで発想を変え、これらのアウトドア系ブランドのアイテムを、**利益を取るためではなく集客することを目的に仕入れます。**仕入れ値も売値も、赤字が出なかったらいいやくらいの気持ちで仕入れてみましょう。**メルカリに広告を出し、自分のお店の知名度をあげるイメージです。**そうやって集めたお客様に、たとえばノーブランドのアイテムやブランド力が高くないアイテムを買ってもらい、そのアイテムで利益を作るという流れです。

集客用のアイテムは、もちろんアウトドア系ブランドに限らず、自分が出品しているジャンルで人気のあるブランドであれば何でもよいのです。ほとんどの古着転売ヤーは、仕入れる際に1着あたりどれだけの利益を取るかということしか考えていないため、このように集客を狙った仕入れをするだけでも少数派になれます。たとえばノーブランドのアイテムを売っていても、なかなか集客できません。ノーブランドゆえにお客様がブランド名で検索できないため、アカウントにアクセスを集めるのが難しいからです。そもそもノーブランドのアイテムを扱うメリットは、仕入れ値を安く抑えることができるため上手に売れば利益を取りやすいことや、アイテムのセレクトに店主のセンスが色濃く反映されるの

ノース・フェイスなどがリサイクルショップで安く売られていることはまれ ノース・フェイスやパタゴニアは、なかなかリサイクルショップで掘り出し物がありません。さすがに有名すぎてブランドの見落としがないことと、もともとの定価が高いため古着でも1,000円あたりの安値はつけないのです。しかしエルエルビーンやペンフィールド、コロンビアやチャムスなどはたまに見つかります。

で自分のお店の個性を演出しやすいことなどが挙げられます。したがって人気ブランドで効率的に集客し、来店したお客様にノーブランドアイテムも一緒に見ていただくことで、ノーブランドの弱点を補いつつ購入につなげることも可能になります。

こう考えていくと、**古着転売の強みは「他人のブランド力を借りて商売ができる」こともいえます。**たとえまだアカウントを作ったばかりで自分のお店が不完全でも、まだまだ初心者で実力がついていなくても、ナイキを出品すればナイキのブランド力を、ラルフローレンを出品すればラルフローレンのブランド力を借りて集客し、そのブランドのファンに売ることができます。

これはよくよく考えればすごいことです。もし仮にいまから新しくオリジナルのブランドを立ち上げるとしたら、１００％確実に集客に困るはずです。集客ができないビジネスが上手くいくわけがありませんから、すでにブランドの知名度があり、その力を借りて集客ができる古着転売が利益を出しやすいのは当然なのです。

集客用のアイテムの数は少なくてもかまいません。**比率は自分が出品しているアイテムの1割以下で大丈夫です。**その少ないアイテムに集中的にアクセスを集めることを狙いましょう。

リサイクルショップで仕入れるなら さらに知っておこう

リサイクルショップもほかの小売店同様、シーズンごとやイベントごとに頻繁にセールを行います。チェーン店であれば全店舗で大々的に行うグランドセールがありますし、そのほかにも店舗ごとで独自にセールを行う場合もあります。セール情報はホームページでチェックするか、店頭のポップを見つけてＬＩＮＥやメルマガなどの会員になっておきましょう。メルマガ会員になることで限定のクーポンが発行されることもあるので登録しておいて損はありません。積極的に登録し、情報を取りにいきましょう。

◉何度か通って特徴をつかむ

リサイクルショップには値段のつけ方にも独自の個性があります。いつ行ってもほとんど仕入れができないような、値段設定がカチッとした店もあれば、メルカリの相場と開きがあって一度に大量に仕入れができるような店もあります。また、カジュアル系ブランドが安い店、スポーツ系ブランドの在庫が豊富な店、高価格帯のアイテムが狙い目な店……。店によってまったく違います。

セール リサイクルショップごとに独自のセールキャンペーンを行っています。毎週セールを行うお店もあります。季節ごとの大規模セールの場合、ライバルたちがこぞって仕入れに行くため思いのほか仕入れができないこともあります。そんなときは朝一で行くのがいいでしょう。

でもその特徴の見極めは、たった一度だけの訪問ではわからないことが多いです。なるべく仕入れ時間を短縮するためには、仕入れができる行きつけのお店を見つけ、それらの店だけを回るのが一番です。ただ、一度行っただけで判断するのは至難のワザ。セール直後でめぼしいアイテムが根こそぎなくなっている場合など、たまたまタイミングが悪く仕入れられないことも往々にしてあるからです。また同じチェーン店でも、直営店とフランチャイズ店でお店のカラーがまったく変わっていたり、店長の方針で古着転売のための仕入れ歓迎のお店もあったりします。「前回行ったときは棚がスカスカでほとんど仕入れられなかったのに、今日来てみたら山ほど仕入れられた」なんて経験を僕自身何度もしてきました。何度か通った上で、その店がどのようなアイテムを仕入れているのかという傾向をつかみます。たとえばメンズとレディースどちらが多いのか、どのくらいの期間をあけたらアイテムが入れ替わるのかなどを頭に入れ、次回以降も行くかどうかの判断をするようにしましょう。

◉リサイクルショップで「手を育てる」

初心者のうちは、仕入れだけを目的にするのではなく、ブランドなどの知識をつけるためにリサイクルショップに行くのもよいことです。そのためにはひたすら知らないブランドをメモっていくのがおすすめです。ブランド別にカテゴライズされている棚を見て、

たまたまタイミングが悪く仕入れられない 仕入れができないときは、知識不足で売れるアイテムをスルーしている場合が多いですが、タイミングの問題で仕入れられないこともあります。前はからっきしだったのに次に行ったときはざくざく仕入れられた、なんてことは日常茶飯事です。ただ、全体的にネットの相場に合わせたような値段設定のお店は、店員さんの知識がきちんとあるために仕入れが難しいこともあります。

知らないブランドをメモっていく 駅近くの便利な場所にある、古着の仕入れには向いていないセレクトショップのような品揃えのリサイクルショップに行き、ひたすら情報収集することもあります。あまり範囲を広げすぎるとパンクするので、「今日はアウトドアを研究するぞ」などテーマを決めて取り組むとよいでしょう。

そこに陳列されているブランドをチェックし、誰が買っているのかターゲット層をリサーチすれば、仕入れの幅も知識も芋づる式に広がります。

またその過程で**数多くの古着に触れることで、デザインやブランドを確認する前に質のよいものがわかるようになったりもします。**Ｔシャツもスウェットもセーターも、やはり高級なアイテムは手触りからして違うので、それまでは見過ごしていたお宝に出会えるチャンスが生まれるでしょう。

◎仕入れをするなら郊外の店舗を目指せ

街中や駅前などの都市中心部にあるリサイクルショップよりも、郊外の店舗のほうが仕入れがしやすいことが多いです。

1つ目の理由として、**商品単価が安いことが挙げられます。**街中の店舗は大勢の集客が見込めるため、商品単価を下げる必要性が相対的に薄く、商品ラインナップを絞って半ばセレクトショップ化していることが多いです。つまり、値段設定がきちんとしていて穴がないということですね。一方でロードサイドにある郊外店は旗艦店に比べると安定した集客が難しいこと、また家賃が安いことを反映し、商品単価が全体的に安い傾向があります。

2つ目の理由として、**郊外の店舗は売り場面積が広く、商品数が多いこと。**できるだけ仕入れに時間をかけないためには、1つの店舗で数多くのアイテムに触れるべきです。複

街中店と郊外店の特徴

街中店

・店舗面積が狭く、大量の仕入れが難しい
・ネットの相場に合わせた値付けで仕入れが難しい
・商品単価が高い

仕入れ ×　　リサーチ ○

郊外店

・店舗面積が広く、効率的な仕入れができる
・商品点数が多いので掘り出し物に出会う確率があがる
・商品単価が安い

仕入れ ○　　リサーチ △

数の店舗を回れば店舗間の移動に時間がかかってしまい、効率が悪いです。

1つ目の理由にも関連することですが、街の中心に近づけば近づくほど家賃が高くなるため、必然的に街中の店舗は郊外店に比べると店舗面積が小さいことが多いです。商品数が少ないということは、店員さんの目が店の隅々まで行き渡るということであり、その結果、古着の値段がネット上の価格とまったく変わらないなんてこともあります。郊外の店舗になると逆に、店員さんがすべての商品を細かくチェックすることが難しくなるため、「何でこのブランドがこんなに安いの？」「この値札、間違ってつけちゃったんじゃないの？」という掘り出し物に出会う確率がはるかにあがります。

フリーマーケット 活用編

さて、リサイクルショップでの仕入れに慣れてきたら、フリーマーケットにも足を運ぶことでさらなる仕入れのスキルアップが見込めます。フリマには、着なくなった服を売っている一般の方はもちろん、古着屋や古着の卸業者などのプロも出店しています。彼らは在庫を解消するために、ネットで高額で売れるアイテムでも格安で販売していることがあります。またその場で店主と直接値引き交渉ができるのもフリマ仕入れの大きな魅力です。古着を見るスキルがあがってきたら、ぜひフリマに行ってみてください。

⦿なるべく大規模なフリマに。都内なら大井競馬場フリマ

フリーマーケットの情報は、「フリーマーケット　東京リサイクル運動市民の会」(https://trx.jp/)や「フリマガイド」(https://fmfm.jp/)など、ネットでチェックしましょう。規模が大きければ大きいほど仕入れがしやすく、大規模なフリーマーケットは日本全国の主要都市で開催されています。**東京エリアで最もすすめたいのが大井競馬場で週末に開催されている「Tokyo City Flea Market」**。僕も数えきれないほどフリマに参加してきました

が、大量の古着を安く仕入れたいなら、Tokyo City Flea Marketは一度行ってみるべきです。もちろん東京都以外の都市でも大規模なフリマがあります。遠出をしてでも行く価値があるので、安く大量に仕入れたい場合は足を延ばしてみてください。

◉朝一番に行こう

大抵のフリマは朝9時ごろに始まって、15時から16時には終わります。仕入れ目的で行くのであれば、**朝一番、開場と同時を狙いたいところです**。リサイクルショップと違い、いつ行ってもアイテムがあるわけではなく、売れたお店からどんどん店じまいしていくのがフリマです。もちろん早い者勝ちなのでよいものはすぐに売れていき、夕方ごろに行っても何も仕入れられないことが多いです。

まずはどんな店があるのかを確認する目的で行ってみるのもよいでしょう。その際、古着が安く売られているお店に目星をつけておいて、店主に話を聞いて自分の顔を覚えてもらったり、またラ

「Tokyo City Flea Market」は600ほどのお店が顔を揃える国内最大級の規模で、古着業者の出店も多い。

早い者勝ち　ライバルは古着転売ヤーだけでなく、プロの業者も仕入れに来ています。よいアイテムはどんどん売れていくので時間との戦いです。毎回出店する古着屋もあれば、各地のフリマを回っているお店もあるので、コミュニケーションを取って店主と仲よくなってしまうのが一番おすすめです。

イバルたちがどんな動きをしているのかを観察して、次回以降の自分の行動の参考にするのもよいでしょう。

◉値下げ交渉は工夫次第

もし目当ての古着が大量に仕入れられるお店があったとしたら、値段交渉してみましょう。リサイクルショップにはない、フリマだけのメリットです。1点などの少量の仕入れでも値下げに応じてくれるお店もありますが、仕入れる古着の量が多いほど、売り手と買い手双方にとってWin-Winな提案になるため、値段交渉を受けてもらえる確率があがります。

ただし、開場したばかりのフリマで、古着の業者を相手に大幅に値切ろうとしても断られることが多いです。まだ開店したばかりで、ほかにもいくらでもお客さんがいるからです。逆に考えれば**フリマが閉まる直前や、そろそろ店じまいを始めようとしているお店で、売れ残っているアイテムの値段交渉をしてみると値切れる場合があります。**店側は少しくらい値下げしても、その分がまったく売れないよりはいいですし、何より売れなかったアイテムをまた持ち帰りたくないのです。

もちろん、節操のない値下げ交渉は毛嫌いされます。奮発して大量に仕入れたり、店じまい直前のお店に声をかけるなど、売り手側にもメリットがあることを前提に交渉するようにしてください。

双方にとってWin-Winな提案 こちらにしかメリットがないような提案は当然断られてしまいます。「たくさん古着を買うから、その分ちょっと安くしてくれませんか?」とか、何度か通ってお店との関係を作り、「今後もずっと仕入れるので安くしてもらえませんか?」などさまざまな切り口で交渉してみましょう。

フリーマーケットの仕入れのポイント

なるべく大規模なフリマに行く

東京エリアのおすすめは週末に大井競馬場で開催される「Tokyo City Flea Market」。

古着屋、卸業者など古着のプロが出店しているお店は品揃えもよく、安いことが多い。

数を仕入れたいなら狙い目。

朝一番、開場と同時に入場する

仕入れは早い者勝ち。

交渉次第で安くなることも

フリマだけのメリット。

たくさん仕入れる、店じまい直前のお店に声をかけるなどWin-Winの提案を。

夏でも冬物を仕入れよう

海外旅行目的など夏でも冬物の需要がある。

季節外れで安くなっていることもあるので見つけたら積極的に仕入れよう。

◉夏でも冬物を仕入れるのが吉

リサイクルショップでは主に夏は夏物、冬は冬物を販売しており、季節の変わり目にそれらの在庫処分セールをいっせいに行います。夏に冬物を探しても、なかなか見つからないことが多いです。

一方フリマでは、1年中季節を問わず冬物を売っているお店も珍しくありません。このようなお店を見つけたら、夏でもあえて冬物を仕入れてみましょう。上手くすると仕入れ値を冬に買うときの半額ほどに抑えられることがあります。それはもちろん、夏は冬物の需要が少ないからですが、**じつは売り方によっては夏だって冬物は売れるのです**。たとえば北国に住んでいる人の中には、いつ寒くなるかわからないため、夏のうちから冬に備えてダウンジャケットなどの厚手の服を探す人もいます。山登りが趣味の人は、登山のためのアパレルアイテムを夏でも探していますし、海外旅行で寒い地域に出かける人の需要もあります。普通の服屋や古着屋はその季節に合わせたアイテムしか売っていないため、時期外れのアイテムが欲しい人たちはメルカリなどのネットショップで探さざるを得ません。だから僕たちにもチャンスがあるのです。季節外れの冬服をフリマで見つけたら積極的に仕入れましょう。

海外旅行で 寒い地域に旅行する人がいざ夏に厚手のアウターを買おうと思っても、どこの店にも売っていないので困ってしまいます。メルカリでも、夏に冬物を出品してもどうせ売れないだろうと思い込んで夏物しか出品していない人が多いです。国内に目を向けても、北海道に暮らす人は9月ごろから冬物を探す人がいます。夏に冬物を出品するとライバルがいないのでじつはチャンスなのです。

column

古着転売をきっかけにマーケティングを身につけて人生を変えよう

会社員は収入が安定していて、フリーランスは不安定だというのが世間の常識ですが、これは本当でしょうか。

安定の定義は人それぞれですが、要は継続的に生活できるだけの収入があればよいということですよね。そう定義した上で、会社員と経営者どちらの経験もある僕が思うのは、**ほとんどの人が持っていないスキルや知識を身につければ、どんなビジネスをやってもどうにかなり収入が安定するということです**。そして僕が本書や自分のメディアで耳にタコができるほど繰り返しているのが、マーケティングが安定のための必須スキルだということです。

僕のスキルもマーケティングに尽きます。それがすべての基礎になっています。僕の仕事は経営コンサルタントで、さまざまな業種の売上をあげるための手助けを個人事業者や法人を相手にすることです。とても重要なスキルなのにマーケティングを使いこなせる人は少数派なので、売上が伸び悩んでいる個人事業者や企業に必要とされます。とはいえ、もともとの僕はただのアホでうだつがあがらない会社員でしたから、マーケティングは古着転売に出会って取り組む過程でその威力に気づき、勉強し、後天的に身につけました。

僕が古着転売を個人事業者の方に教えているのも、ビジネスで最も本質的なマーケ

少数派 多くの人が気づいている、知っていることにビジネスチャンスはありません。それよりもみんなが軽んじていたり、怪しいと思って手を出さないものごとにこそお宝が眠っています。ネットビジネスは仕組みを知れば怪しくも何ともないのですが、アフィリエイトや転売によくないイメージを抱く人が多いからこそ取り組むだけで少数派になれるのです。その中でも継続できる人はさらに少ない。だから継続できれば強いです。

ティングというスキルを古着転売から学ぶことができるからです。古着転売をマスターすれば、マーケティングを自分の得意分野や趣味などに応用することができます。その結果、僕のように人生が変わるきっかけになるかもしれません。たとえばアンティークウォッチを集めるのが趣味の人がマーケティングを学ぶことによって、ただの趣味がお金を生み出すビジネスに変わります。いままでどおり楽しみながらやっていることが収入増につながるのです。

好きなことを仕事にするのと、いやいや生活のためにやっている仕事では、どちらがやりがいに満ちて働けるか。答えは明らかですよね。おのずと収入も伸び、生活も安定します。サラリーマンの収入には一定の上限がありますが、経営者にはそれがありません。やればやるだけあがります。そしてそんな経営者のやりがいや考え方は、古着転売を学び実践する過程で自分のものになっていくでしょう。

儲かりそうな市場をリサーチによって見つけることができたら、その中で売る対象のお客様を決め、お客様のことを徹底的に掘り下げ、深く知り、その知識をもとにお客様が欲しがっているモノやサービスを差し出す。それがマーケティングの本質です。古着転売をきっかけにマーケティングを学んだら、自分の好きなことに結びつけて考えてみましょう。

第4章

売れる販売ページの作り方

STEP4：マーケティング

第4章 売れる販売ページの作り方【STEP4:マーケティング】

ここで手を抜いてしまうと、売れるはずの商品もほとんど売れません！
ガーン
いい商品のはずなのに……！
売り方を学ぶことは、仕入れと同じくらい大切だと理解しましょう
とっても大切です！
この章では、お客様が検索するキーワードのリサーチ方法や
トレンドアイテム
いかにしてアイテムの価値を伝えるかなど
オォー！
古着マーケティングに必要な知識を惜しみなく盛り込んだので
何度も読み込んでマスターしてください！

「販売」を制する者が古着転売を制す

本章では、古着転売におけるマーケティングのキモである販売ページの作り方についてお話しします。たとえ仕入れがバッチリできていても、販売ページがお客様に響かないようでは、極端な値下げでもしない限りまともに売れません。逆に、**仕入れがそれほどよくなくても、販売ページをきちんと作り込むことで面白いように売れていきます。**販売は、考え方や知識の有無によってとても差がつく部分で、僕の塾生にも口酸っぱく教えています。ぜひとも本章は何度も読み返してもらえればと思います。

さて、販売ページが原因で売れない人を分類してみると、

❶ 売れる文章が書けていない
❷ 写真（特にサムネイル）がよくない
❸ 出品数が少ない
❹ 雑多な商品が陳列されている

ということが挙げられます。古着転売で思うように売れない人の大半が、この4つの原因のどれか、もしくはすべてに当てはまっています。逆にいえば、ここをしっかりクリアできれば販売の壁を突破できます。

本章の前半では、プロフィール文や商品説明文、タイトルなどのテキスト分野、中盤では商品の写真、サムネイルなどのビジュアル分野、後半ではマインドについて解説します。

◉お客様は「あなたに興味がなく」かつ「怠け者」だと心得よう

まず前提となる考え方ですが、そもそもお客様はあなたに興味がありません。あなたの売っている古着にも、プロフィールに書かれている文章にも無関心です。それを知らないまま、どれだけ一生懸命頑張って文章を書こうともほとんど読まれません。

お客様は何に興味があるのかというと、**お客様自身に関係があることです**。お客様は自分以外のことは本当に、マジで、笑ってしまうくらい興味を持ちません。当たり前ですよね。商品を買ってそれを使うのはお客様自身なんですから。つまり僕たち売る側は、そんなつれないお客様に、あの手この手を使いメッセージを送ることが大事なのです。**「この古着は、お客様であるあなたに、とても関係があるものなんですよ。お時間は取りませんから少し見ていきませんか」と。**そこではじめてお客様は、「ああそれ、僕（私）に関係があるんだ。ふーん。面倒くさいけど、暇つぶしにちょっとだけなら見ていってもいいよ」となるのです。

お客様はあなたに興味がありません 客観的な目を持てず、「お客様はみんな自分の店に興味を持つはず!」と考えてしまうと大変です。売れないことをお客様やほかの何かのせいにしてしまうからです。人は自分自身にしか興味がないのだという事実を理解できたら、また成功へと一歩近づくことができます。

売り手と買い手の心の動きの構図をセリフで書き起こしてみましたが、決して誇張しているわけではありません。人は誰でも、自分に関係のないものごとには興味を持たないものなのです。

でも、いざ自分が古着を売る販売者の立場になると、そのことを忘れ、需要がないアイテムにもかかわらず「俺の売ってる服どや？　かっこいいやろ？　おしゃれな俺がいうから間違いないわ。ほらほら買え買え」という販売ページを作ってしまう人が多すぎるのです。古着転売初心者のころの僕がそうだったように。

そして**お客様は怠け者です**。長い文章は面倒くさいから読みませんし、自分に関係ないと思ったら即座にあなたの販売ページから離脱していきます。面倒だと思われないために、**シンプルでわかりやすく短い文章で伝えることが必要です**。読むことのハードルを下げる。とにかく親切に、お客様ファーストで考えることです。

販売ページのテキストの書き方を説明する前に、前提となる考え方をまとめました。自分自身以外のことに興味がなく怠け者のお客様に僕たちがやるべきことは、**「この古着はあなたに関係があるのだ」ということをわかりやすく短い文章で伝えることです。**

お客様ファースト　商売は1人ではできません。お客様がいて、お客様がお金を払ってくれてはじめて成立します。そのため、購入までのハードルをこちらであらかじめ取り払ってしまえば売れる可能性は高まります。「ではお客様が感じてるハードルって何だろう?」と考えることがお客様ファーストということです。

販売ページが原因で売れない4つのパターン

すべての土台となる考え方

お客様は自分自身にしか興味がない

売り手はお客様が興味を持つものを先回りして準備し、差し出すイメージ。そのために、お客様のことを知る（ターゲットリサーチ）ことがとても重要。

お客様は怠け者である

アイテムに興味を持ったお客様は詳細な情報を求めるのでコーディネートの提案は長く詳しくなってかまわない。そこまでの段階でないお客様は、極力楽をしたいと考えている。文章は簡潔にわかりやすく、短く伝える。

↓

上記を踏まえて、売れない4つのパターン

① 売れる文章が書けていない

・多くはターゲットリサーチが不足している

② 写真（特にサムネイル）がよくない

・明るさが足りていない、清潔感がないことが多い

③ 出品数が少ない

・アイテムの質が高く価格設定が適切でも出品数が50点以下では目にとまらない。100点出品することを当面の目標に

④ 雑多な商品が陳列されている

・ターゲット設定が甘く、「たった1人のお客様」に絞りきれていない。ターゲットリサーチと商品リサーチを徹底する

販売ページの作り方
テキスト編

まずテキスト分野を扱います。人の心を動かすには文章がとても重要です。ある一文があるかないか、それによって売上がまったく変わることもあります。苦手な人も多いと思いますが、その分勉強すればライバルをごぼう抜きにできます。本を読んでいきなり力がつくわけではなく、地道な努力が必要です。時間がかかってもいいので、ここでお話しすることをしっかりものにしてください。

それではメルカリのプロフィール文章から考えていきます。繰り返しますが、お客様はとにかく面倒くさがりで、自分にとってメリットがあるかもしれないこと以外には興味・関心がありません。興味をひかない文章は、お客様を一瞬でほかの出品者のページに移動させます。

お客様は何に興味があるのかを考えれば、**念頭におくべきことは明らかで、それはお客様にとってのメリットです**。徹頭徹尾、これだけ考えましょう。メリットにもいろいろあるので、実力がついてきたらご自身でも考えて欲しいのですが、初心者にも取り組みやすいのが**商品の値引き、発送の迅速さ、商品の綺麗さなどをアピールすることです**。

文章 自分にしか興味のないお客様の興味を文章でいかにひき、商品を欲しがってもらうか。キャッチコピー的な役割を持つサムネイルの商品画像で軽く興味をひかれたお客様に商品説明文を読んでもらい、読むうちにどんどん欲しくなってもらう。面倒くさがりなお客様のために、興味をひく言葉を次々に並べていく。写真で興味をひき、文章で心を動かして購入してもらうのです。

各種の割引

フォロー割引	自分の店をフォローしてくれたお客様だけ割引するサービス。 売り手、買い手の双方にメリットがあり、導入しやすい。
リピーター割引	繰り返し買ってくれたお客様だけ割引するサービス。 顧客単価があがるリピーターを積極的に獲得していくのが狙い。
まとめ買い割引	複数の商品をまとめて買ってくれたお客様だけ割引するサービス。 ターゲットを絞っていれば容易な上、多少利益は下がっても数がさばけるので初心者にもおすすめ。

まず、出品者のアイコンをタップしたときにまっ先に表示される冒頭で、お客様が「自分ごと」として興味を持ってくれることを書きます。買い物をするときは、誰だってできるだけ安く買えれば嬉しいですよね。だからまずは、先ほど挙げた3つのメリットの中で最も興味が持たれやすい、値引きができることをアピールします。

◉お客様の関心事を冒頭に書き、そのあとにつなげる

たとえば、自分のお店をフォローしてくれた方を割引する「フォロー割引」、リピーターになってくれたお客様への「リピーター割引」、一度にたくさん購入してくれたお客様への「まとめ買い割引」、そのほか期間限定セールなど、**お客様に何かをしていただく代**

わりに値段を下げてお客様にメリットを還元することはとても有効です。各種割引については後述します。

値段が少しでも安くなることは、お客様にとって最大の関心事なので積極的に仕掛けましょう。プロフィール文章の一番上、最も見てもらいやすい目立つ部分に書き入れるのが効果的です。ここで面倒くさがりなお客様の興味をひくことができれば、そのあとの文章も読んでもらえる確率が高まります。続けて発送の迅速さ、商品の綺麗さなど、自分が実行できそうなメリットを提案しましょう。

お客様に関係のないことを記載する必要はありません。たとえば、トレンドを扱う古着のショップを作っているにもかかわらず、なんとなく書いておくとよさそうだからと、「当ショップではヴィンテージアイテムも扱ってます！」と書いてしまうと、トレンドを求めているお客様に「ヴィンテージかあ。それなら僕（私）には関係ないな。ほかのお店見てみよ」と、商品を見てもらう前にページから離脱されてしまいます。ひとりよがりなプロフィールページを作るのではなく、あくまでターゲットリサーチに基づいた効果的なメッセージを伝えましょう。

◉自分はプロという自覚を持ち、堂々と売る

自信のない売り手にありがちなのが「素人なので」と予防線を張ってしまうことです。

発送の迅速さ メルカリの販売ページには「発送までの日数」という項目があり、この項目を「1～2日」に設定するだけで売れやすくなります。発送が速いことは十分なメリットになるので、可能な限り「1～2日」での発送を心がけましょう。 **なんとなく** 言い換えると「あなたが発信するすべての情報に根拠を持ちましょう」ということです。たとえば企業の大がかりな広告には、無駄な写真やテキストなどはあってはならないですよね。莫大なお金が動いている以上、根拠があるはずです。古着転売は売れなくても大損するわけではない、つまり始めるハードルが低いために、なんとなくで文章などを作る人が多いです。それではお客様の心に響きません。

プロフィールページ　テンプレート例

出品数　フォロワー　フォロー中

各種割引のご案内
《フォロー割》
このアカウントをフォローしたら
・～4999円：200円引
・～9999円：300円引
・10000円～：400円引

《おまとめ買い割引》
フォロワー様で、2点以上のまとめ買いで500円引

《リピーター割引》
フォロワー様で、リピーターの方は200円引

・すべての割引が併用可能です。
・商品購入前に「〇〇割希望」と コメントして頂ければ値段を変更致します。 即購入も大歓迎です。

お客様にとってわかりやすいメリットを最も目立つページ上部に記載する。割引情報が最適。

初めてのお客様へ
当ショップでは、古着女子や古着男子の方に喜んでいただけるような、主に90sなどのトレンド古着を中心に取り扱っています。

「当ショップの商品はあなたにこそ関係がありますよ」とお客様に伝える。

発送方法
匿名配送にて発送致します。
基本的に即日での発送を心がけていますが、都合により遅れることがありますので、その際は取引メッセージにてご連絡致します。

※購入後の値段変更は出来かねます。
※コメントで値引き交渉中であっても先に購入したお客様が優先です。

禁止事項は最小限に。

たとえば「当方素人です。サイズなどに誤差がある場合がございますが、あらかじめご了承ください」といった文章をよく見かけます。残念ながらこれでは売れません。

買い手の気持ちになって考えれば、その道のプロや専門家が自信を持って提案してくれるアイテムを買いたいですよね。極端な言い方をすると、**「僕は古着に関して無知ですし、この古着に価値があるかどうか判断できません。でもあなたがよいと思うなら買ってみてください。責任は持てませんけど」というメッセージをお客様に伝えていることになります。**お客様が不安に思うのは当然で、「これはちょっとやめとこう」となりますよね。

「素人だから採寸とかも間違っているかもしれません。でもクレームはしないでね」というのは出品者の都合ですが、別にプロだろうが素人だろうが採寸する工程は同じです。採寸方法がわからないのなら、ネットで検索すれば正確な測り方がいくらでも出てきます。

古着転売で成果を出したいのであれば、**自分は古着を売るプロだという自覚を持ち、自信を持ってお客様に対応するよう心がけましょう。**「こういう古着、あなた探してたでしょう？　プロの私が自信を持っておすすめします！　買ったほうが絶対にいいです」。そういえたら売上もあがります。そんなの無理？　いえいえ、そのために本書で勉強してもらっているのです。

古着転売の商品説明で一番大切なこと

次に商品の販売ページについて説明します。

ネットで古着を売るときに最低限必須の情報は、服のサイズと状態（服のコンディション）です。お店で実物を手に取って買い物するときであれば、サイズも状態もお客様が自分の目で見て納得して選ぶことができますが、ネットでは商品を手に取ることはできません。お客様は、「サイズは自分の体型に合うかな、ちゃんと写真どおりの色合いやコンディションなのかな」と不安に思っています。この不安をあなたの文章で取り除いてあげれば、売れる確率があがります。

　商品タグに記載してある、S／M／Lのサイズはもちろん、メジャーで実寸サイズをきちんと測りましょう。**着丈、身幅、肩幅、袖丈の4つが記**

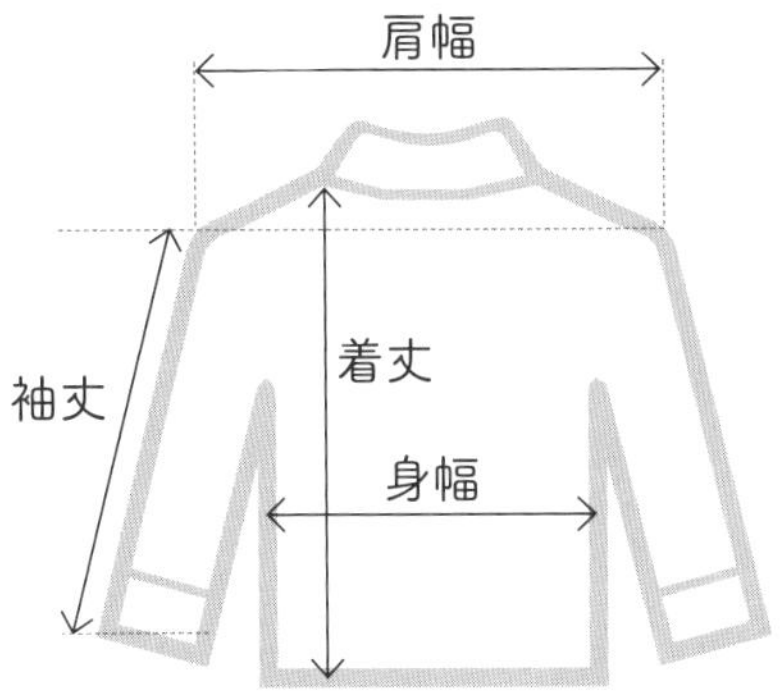

載されてあれば十分です。状態に関しては、穴があいていないか、シミやほつれがないか、日焼けによる退色や色あせがないかをチェックして、もれなく説明文に書きましょう。コンディション不良を隠して売れば即クレームにつながりますし、何より店の信頼を損なってしまいます。正直に記載すべきです。

◉集客できる切り口を見つける

109ページで触れたように、SNSと雑誌を駆使して、ターゲットが検索するキーワードを集めましょう。**集客を意識して書くべきキーワードは、ブランドとアイテムのジャンルです。**ブランドはいわずもがなですが、出品するブランドに関連する同ジャンルのほかのブランドも記載すると、よりアクセスを集めやすくなります。たとえばノース・フェイスのアイテムを売るときに、関連するほかのアウトドア系ブランドであるパタゴニアやアークテリクスなどの人気ブランドのキーワードを盛り込むのです。そうすればパタゴニアやアークテリクスを探していた人にもノース・フェイスを提案することができます。同様に、ノース・フェイスと過去にコラボしていたシュプリームなど、ターゲットが好みそうな親和性の高いブランドを記載するのもよいでしょう。

「このブランドのアイテムを探しているお客様は、どんなキーワードで検索しているんだろうか？」を考える力がつけば、集客に困ることはなくなります。たとえばナイキのナイ

シュプリーム　1994年にニューヨークで生まれたストリートブランド。数多くのブランドとコラボしてきたことでも有名です。日本の著名人にも愛用者が多く、木村拓哉、三代目 J SOUL BROTHERSの登坂広臣、水原希子などが着用しています。

集客に必要なキーワードの集め方

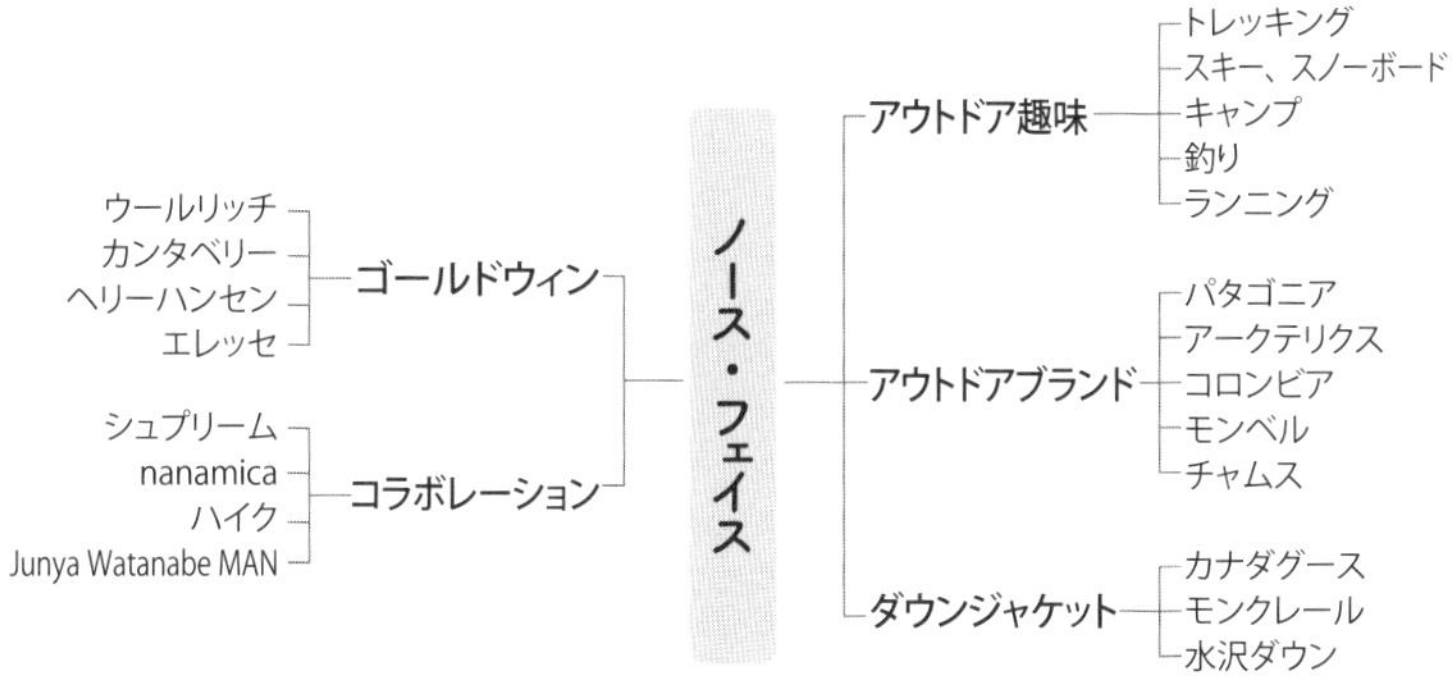

1つのキーワードから連想ゲームのように別のキーワードをつなげていく。知識がない分野ではひたすら検索。そうすることで新たなターゲットや市場を見つけることができ、知識もより広く深くなっていく。

ロンジャケットであれば、ブランド名のナイキはもちろん必須ですが、ナイキというブランドを欲しがっているお客様はどんな人なのか？　を考えていきます。ナイキはスポーツ、ストリートでの支持が厚いブランドなので、普段のコーディネートに流行のスポーツテイストを加えたいというお客様、つまりナイキが好きなお客様には「スポーツＭＩＸ」「トレンド」「メンズライク」「ストリート」などのキーワードを入れた説明文を書くと響く可能性が高いです。

一方で同じナイキのナイロンジャケットを売るにしても、トレンド古着を探している人たちではなく防寒用のジャケットを探している男性をターゲットにするのであれば、商品説明文に書くことは先

メンズライク　女子が「男子のような」ファッションをすること。男物の服を合わせるトレンド古着ととても相性がいいです。黒っぽい色合いのコーディネート、スカートではなくパンツスタイル、アウトドアやスポーツアイテムをMIXするなどもメンズライクファッションになります。

ほどとはまったく変わります。そのナイロンジャケットが持つ機能的な魅力を伝える切り口で書くべきです。そうすると、ナイロンの素材にはどんな機能があり、厚手なのか薄手なのかなどの情報が必要になってきます。薄手の素材なら、シャツだけだと肌寒いような季節でも1枚羽織るだけで暖かく、かさばらないのでバッグに入れておくと安心と書けば、その説明に納得したお客様は購入します。

どういうテーマや切り口でその商品のよさを伝えるかによって、マーケットは広がったり狭まったりします。 このアイテムがお客様に最も訴えかけられる強みは何なのか？　ブランドそのものが持つ力なのか、デザインなのか、人気芸能人が着用していた実績なのか。魅力をつかんだら、ターゲットが検索するだろうと考えたキーワードをタイトルや説明文に入れ込み、最大限アクセスが集まるように動線を作りましょう。

⦿お客様は「商品を購入したあとの未来」を想像している

お客様は自分自身のことにしか興味がありません。**お客様の興味は「服そのもの」ではなく、「その服を買ったら、自分自身の生活がどう変わるのか？　どんな素敵な未来が訪れるのか？」に向いています。** もっといえば、それしか興味がありません。これは服を売る場合に限らず、あらゆるものを売るときに適用できるマーケティングの本質的な考え方なので、ぜひ頭にとどめておいて欲しいです。

人気芸能人が着用 流行の発信はメディアの影響がいまも強いです。ドラマや雑誌で着用されたアイテムが高騰することもあります。

自動車でたとえると、人は車そのものが欲しいわけではなく、車を手に入れたあとの素敵な未来を求めています。ファミリー向けに売るのであれば、その車を買ったことで子どもと一緒にアウトドアに出かけることができるとか、コンパクトな設計で女性でも取り回しがしやすいため快適に買い物が楽しめるとか、ドアが大きくステップが低いため小さな子どもやお年寄りでも乗り降りがしやすいとか。ターゲットが変われば当然伝え方が変わります。

古着転売に話を戻すと、その服を手に入れることで、お客様はどんな未来を手に入れることができるのかを考えましょう。その服に袖を通せば、流行に乗れるのか。みんなが探しているレアなアイテムで、持っているだけで自慢できるのか。憧れのモデルやインフルエンサーが着用しているのか。ゆったりしたサイズだから体のラインが目立たずぽっちゃり体型を隠せるのか。着やせして見えるのか。1着あるとコーディネートが楽になるのか。

お客様によって手に入れたい未来は違います。そのためお客様について理解を深めること＝ターゲットリサーチが、ビジネスではとても重要なわけです。誰だって買い物したあとの素敵な未来を想像すればテンションがあがりますよね。**人はモノを買うとき、まず感情が動き、そのあとに買うための理屈をひねり出します**。だからお客様の感情を文章で動かすことができれば、どんなものでも売れるようになるのです。

ぽっちゃり体型を隠せる オーバーサイズで着ることがトレンドなので、流行の古着を着るだけで体のラインを隠すことができます。太って見える膨張色ではなく、やせて見える青や黒、茶色の収縮色をコーディネートに取り入れれば、体型に悩んでいる人もおしゃれな着こなしができるようになります。

⦿売れる文章のキモはコーディネートの提案にあり

モノを売るときに大事なことは、お客様にとっての理想的な未来を想像させることだとお話ししました。古着を売るときに、お客様に未来を想像させるためには、**コーディネート**を提案することが最も有効です。その古着を手に入れることで、どんな素敵な見た目の自分になれるのか。それを文章でこれでもかと伝えていきましょう。

ここからは、例として「ナイキのロゴが入ったベージュ色のスウェット」を売ることを想定して、どういう風に書けばいいか考えていきます。

まずは売れない出品者にありがちな例から。

> ナイキのスウェットです。激レアカラー！　他人とかぶりたくない人はこの機会にいかがでしょうか。

古着を求めている人の中には、古着に多い一点モノを着ることで人と同じ服を避けて**個性を演出したい**人も多いので、「他人とかぶりたくない人は～」のくだりが間違っているわけではありませんが、それでもこの文章を読んだだけでは欲しくはなりませんよね。

それは見込み客に、購入したあとの未来を想像させることができていないからです。未来

コーディネート 売りたいアイテムを含んだ、服の全体の合わせ方を提案しましょう。「そのアイテムを買ったとして、いま持っている服と合わせることができるんだろうか？」という疑問をお客様は持っています。その疑問を解消するために、どんな服と合わせればいいのかを伝えましょう。 **個性を演出したい** ユニクロやH&M、ZARAなど安くておしゃれなファストファッションが流行したことで他人と同じような服装になりがちです。SNSの普及により、他人がどういう服を着ているのかを知る機会も増えました。その点古着はやはり安いですし、他人とかぶることはめったにないことからも人気が高まっているのではないかと思います。

を想像させるためには、踏み込んで具体的なことを書く必要があります。

ではどういう風に書けばいいでしょうか。集客のためのキーワードも盛り込みつつ書くとこうなります。


90sファッションのリバイバルにより古着男子、古着女子に圧倒的な人気を誇るナイキより、今季トレンドのアースカラーのベージュのスウェットが入荷しました。女の子らしい柔らかさもメンズライクなカジュアルさも、1着あればどちらも楽しめます。同じく今季大注目の大判チェックのスカートでメリハリを出してもかわいいですし、90年代を象徴する2トーンの太畝コーデュロイパンツにタックインして、ワントーンコーデでとことんいまっぽくするのも◯。

ユニセックスで着やすいスウェットは誰でも簡単にシミラールックも楽しめます。すでにお手持ちのアイテムとも合わせやすく、コーディネートの幅がぐんと広がります。チャンピオンやカーハートなどのスウェットコーデをしたい方にも絶対おすすめ！

当ショップの古着はすべて1点限りの入荷です。古着ならではの一期一会の出会いを大切に、この機会を逃さないようにしてください。

アミカケした箇所は、集客を狙ったキーワードです。古着女子をターゲットに想定して文章を考えました。「この服を買ったら私（お客様）にはどんな素敵な未来が訪れるのかな？」を念頭において書くだけでここまで文章が変わってきます。古着に限らず、ファッション分野の販売をするときに最もお客様に響くのが「コーディネートの提案」です。この服を買って袖を通せば、あなたはこんなコーディネートができますよ。それを文章で伝えることが大事です。**お客様が文章を読んで、買ったあとの着こなしが頭の中でイメージできるほど具体的にコーディネートを提案できれば理想的です。**

先の例であれば、「今季大注目の大判チェックのスカートでメリハリを出してもかわいいですし、90年代を象徴する2トーンの太畝《ふとうね》コーデュロイパンツにタックインして、ワントーンコーデでとことんいまっぽくするのも○。ユニセックスで着やすいスウェットは誰でも簡単にシミラールックも楽しめます」という部分ですね。**コーディネートを提案する過程で、集客に必要なキーワードを説明文の中に盛り込むことができ、アクセスアップが見込めます。**はじめからコーディネート提案の文章を書くのは難しいので、メルカリで売れている人の販売ページを参考にしたり、Instagramや雑誌を見て使えそうな言い回しなどを収集しましょう。たとえば「スウェットはこんなパンツと合わせて〜」のような言い回しがあった場合、忘れないようにExcelに落とし込んだ上で、同じようなコーディネートをしている人をほかに探します。数をこなしていくことで理解が深まっていきます。

大判チェック チェック模様が細かくなく、大きいこと。**太畝コーデュロイパンツ** トレンドのコーデュロイ素材のワイドパンツのことで、特にラルフローレンが人気です。コーデュロイはでこぼこした素材が特徴で、太畝はそのでこぼこ（畝）が太いということです。**タックイン** シャツやセーターの裾を、スカートやパンツの中に入れる着こなしのこと。**ワントーンコーデ** 明るい色、暗い色、淡い色など同じトーンで全身を統一するコーディネートのこと。**シミラールック** ペアルックのように全身お揃いにするのではなく、色や服の系統、柄やブランドを恋人や友だちと合わせるコーディネートのこと。

販売ページ　テンプレート例

アースカラー 90s ナイキ スウェット 古着 刺繍ロゴ ベージュ

タイトルはシンプルに、わかりやすく。

※即購入OKです。
《フォロー割》
このアカウントをフォローしたら
・～4999円：200円引
・～9999円：300円引
・10000円～：400円引

《おまとめ買い割引》
フォロワー様で、2点以上のまとめ買いで500円引
《リピーター割引》
フォロワー様で、リピーターの方は200円引
※すべての割引が併用可能です。
※商品購入前にコメント欄に「〇〇割希望」とコメントを下さい。
※ご購入後の値下げは出来かねます。予めご了承下さい。

誰もが興味を持つ割引の情報を最初に書き、次のアイテムの紹介部分まで読み進めてもらう。


90s ファッションのリバイバルにより古着男子、古着女子に圧倒的な人気を誇るナイキより、今季トレンドのアースカラーのベージュのスウェットを入荷しました。

～～～～

チャンピオンやカーハートなどのスウェットコーデをしたい方にも絶対おすすめ！

当ショップの古着はすべて1点限りの入荷です。

古着ならではの一期一会の出会いを大切に、この機会を逃さないようにしてください。


ここでコーディネートの提案と集客のキーワードを盛り込む。

最後に「古着は一点モノ」ということを伝え、お客様の背中を押そう。

表記サイズ：
L 肩幅：65cm 身幅：67cm 着丈：70cm 裄丈：78cm

< コンディション> B
【S】ほぼ新品。美USED の商品【A】若干の使用感はあるが、状態の良いUSED 【B】 使用感はあるが、目立つダメージや大きな汚れはない【C】使用感と部分的に目立つ ダメージや汚れあり【D】過度の使用感、目立つダメージや汚れあり。使用は可能

・袖口に目立たないほつれが一箇所あります。

配送について

サイズと状態を簡潔に書く。

汚れなどのデメリットも正直に。しかし「目立たない」「古着本来の味がある」などポジティブに言い換えよう。

◉タイトルも、もちろんお客様目線で

タイトルは、お客様が興味をひかれそうなキーワードをなるべくシンプルに書くことを心がけましょう。先ほどの例でいえば「アースカラー　90s　ナイキ　スウェット　古着　刺繍ロゴ　ベージュ」。メルカリではタイトルの文字数は40文字までと限られているので、その中で必要な情報を絞り込んで書くのがコツです。あくまでもお客様目線ということもお忘れなく。かっこいいからといって、横文字で「NIKE　sweat　90s」のように書いても、そうやって検索する人は少なく新規のお客様は増えないので注意してください。

お客様が思わず中身を見たくなるようなタイトルを作るには、販売する商品の知識が必要です。珍しいタグは検索し、服に描かれているテキストにも目を通しましょう。その服にはどんな魅力があるのか。それを商品への知識をもとにわかりやすく短い単語で表現するのです。古着を探している人に見て欲しいので「古着」「90s」のキーワードは不可欠です。その上でブランド、服のジャンル、カラー、サイズ、生産国などの付加価値を盛り込みましょう。

出品者のプロフィール、商品の説明文とタイトルというテキスト分野の説明は以上です。リサーチが必須で、慣れないうちは大変だと思いますが、勉強して身につければあなたを助けるとても強力な武器になります。

アースカラー　大地や植物などをイメージしたベージュやカーキ、ブラウンなどの落ち着いた色合いのこと。
刺繍ロゴ　プリントではなく、刺繍を施したロゴのこと。クラシックな雰囲気が出るので人気です。

販売ページの作り方

ビジュアル編

お客様が商品を手に取ることができないネット販売は、商品の写真が生命線です。お客様が服を購入するかどうかの判断材料として、写真という第一印象はとても重要です。商品やタイトル、商品説明文といったほかのすべてが完璧でも、**写真が悪ければそもそも販売ページにアクセスしてもらえません。**実店舗でたとえると、扱っている商品はよいものなのに、店舗の外観がうらぶれていて誰も足を踏み入れないという状況です。ビジュアル面を整えていきましょう。

写真は、服の前面、背面、タグがあれば最低限ＯＫです。スルーできない状態の悪さがあったり、逆にデザインがプリントではなく刺繍であったりなど、伝えなくてはいけないこと、アピールしたいことなどがあれば、ズームアップし写真を追加しましょう。

メルカリでは商品写真を疎かにしてしまっている人が少なくありません。非常にもったいないことで、逆にいえば写真が綺麗に撮れるようになるだけで売上があがるチャンスがあるともいえます。といってもプロのカメラマンのような高度な技術が求められるわけではないので、ご安心ください。具体的にどうすればいいのかをまとめます。

高度な技術が求められるわけではない 写真の撮影はお手持ちのスマートフォンを使いましょう。デジカメや一眼レフは必要ありません。日当たりのよい場所で正面から全体がわかりやすく撮れれば十分です。写真を加工するとおしゃれにはなるのですが、実際の色合いがわかりにくくなるため避けたほうが無難です。

◉清潔感を出す（＝生活感を消す）

売れない出品者にありがちなのが、**自室のカーテンレールにハンガーを引っかけたり、床に服を広げてそのまま撮影していること。**それでもデザインはわかるのでまあＯＫかなという気もしますが、実際のところは、お客様が清潔感を感じないためなかなか売れません。

女性のお客様は特に商品の清潔さにはとても敏感です。そのためにはなるべく生活感を消すこと。アイテムの背景は無地の白壁が無難です。もしくは１００円ショップで手に入るはがせるシールタイプの壁紙を使い、背景を木目やコンクリート模様で統一することで、ショップとしての見栄えや個性を演出するのもいいでしょう。

◉服のシワをきちんと伸ばす

清潔感にも関連することで、服がシワだらけだったりヨレていると、実際には汚れていなくても印象が悪く、お客様から敬遠されてしまいます。洗濯して干す前に手で伸ばすだけでもだいぶ変わりますし、アイロンをかければ新品のような見た目になり売れる値段も大幅にあがるため、一手間加える価値は十分あります。

アイロン 特にシャツやTシャツはアイロンがけをするかしないかで写真の見栄えが大きく変わりますし、単価をあげても売れやすくなります。だらんとしているよりもピシッとシワを伸ばしていると清潔感を演出できるので、余裕があればやりたいところです。

NG

中心からずれていて、だらしない印象。同時にシワが強調され清潔感なく映る。

OK

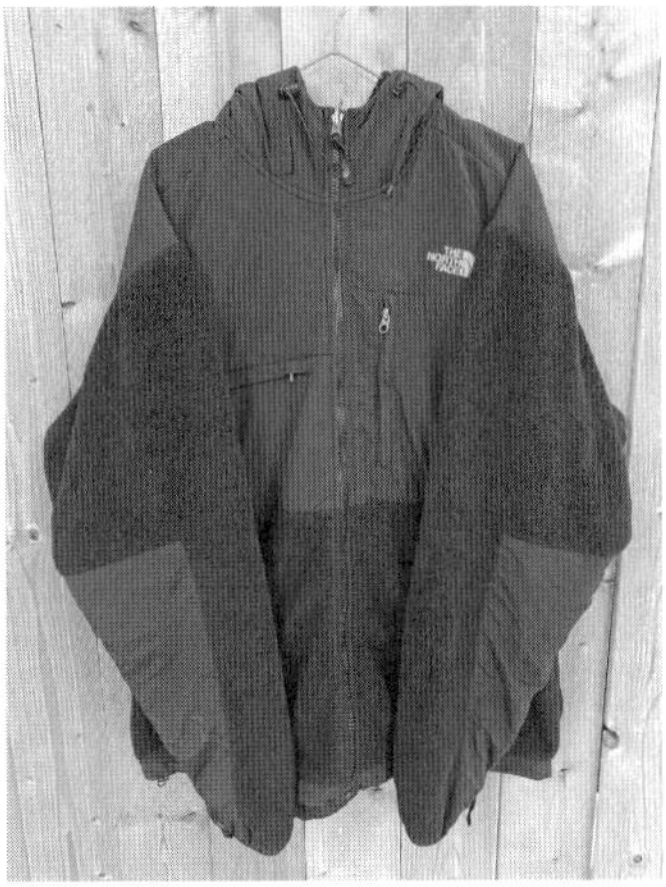

中心を意識し、左右対称にするだけでここまで印象が変わる。シワが目立つ場合はアイロンなど一手間かけるとより綺麗に。

⦿左右対称にする

ハンガーにかけた服の左右のバランスが悪い写真も、「雑に扱われていたんじゃないかな」と思われてしまい、お客様にだらしなさや清潔感のない印象を与えてしまいます。服を真正面から見て、きちんと左右対称になっているか確認してください。簡単なことですが、これだけでもまったく見栄えが変わってきます。ポイントは全体の形がひし形になるようイメージして撮ること。袖を前に折り、シワを伸ばしピンと張ることで、バランスのよい綺麗な左右対称の写真を撮ることができます。

NG

暗い写真。清潔感がないばかりでなく、暗さから実際の色と違って見えてしまう。

OK

自然光で撮った写真。サムネイルはできる限り明るい環境で撮ること。集客にも好影響がある。

⊙写真に光を取り入れる

暗い写真は、商品の色味がお客様から見て正確に判別しづらいこと、また清潔感の演出が難しいためにお客様によい印象を与えません。写真撮影でベストな明るさを確保するためには、やはり自然光を取り入れること。特に午前中の太陽の光は圧倒的に明るいですし、影をつけた立体的な写真が撮れ、まるでおしゃれな古着屋のようなクオリティの写真が撮れます。わざわざ屋外で撮影する出品者もいるくらいです。

部屋の日当たりがよくなかっ

屋外で撮影 写真が一番綺麗に明るく撮れるのは屋外ですが、移動する手間がかかったり天気に左右されたり、そもそも近くにいい撮影スポットがない場合もあります。室内であればそのデメリットは解消されます。長所と短所を見極めて、よりやりやすいほうを選んでください。

たり、夜にしか撮影作業ができない場合は、部屋の照明だけでは暗くなりがちなので、撮影用のスタンドライトの導入を考えてみてください。５０００円ほどの投資で明るい写真が簡単に撮れます。カメラの設定で明るさや色味を調節するのはあまりおすすめしません。アイテム本来の色から遠ざかってしまうとクレームにつながりかねないからです。

⦿写真を１：１のスクエアサイズに設定する

メルカリでは商品写真が「１：１」の正方形で表示されます。iPhoneなどのスマートフォンのカメラは、デフォルトだと「４：３」のサイズになっています。この設定のままメルカリに写真をアップロードしてしまうと、写真の上下左右が切れてしまいます。お使いのカメラの設定を「１：１」のスクエアサイズに変更しましょう。

iPhoneの場合はカメラモードをスクエアにするだけで変更できます。Androidは機種によってカメラの設定をスクエアサイズに変更できないことがあるので、その場合はGoogleのPlayストアで「LINE Camera」という無料アプリを検索、インストールしてください。このアプリを使えば簡単に「１：１」のスクエアサイズに設定できます。

細かい部分ではあるのですが、お客様はきちんと見ています。これに限らず、細部にまで気をつかった販売ページを作ることができれば売上にも反映されていきます。

⦿なで肩にする

ジャストサイズではなく、あえて服をダボっと大きく着ることがトレンドなので、肩が落ちたシルエットが、本書がターゲットとするお客様には好まれます。そこで「なで肩」に見えるように写真を撮りましょう。アイテムを買ったあとの未来がイメージしやすくなります。なで肩仕様に設計されたハンガーも販売されていますし、ワイヤーのハンガーを折り曲げて簡単に作ることもできます。

服をかけるだけで肩が落ちたシルエットになるハンガー。お客様にとって着たときにどんな見た目になるのかがわかりやすいのが利点。

⦿サムネイルにこだわる

サムネイルとはメルカリのトップページに表示される画像のことです。いくつもの商品写真が並んでいますが、その1つひとつの写真が商品のサムネイルで、お客様は無数に並んだサムネイルの中から興味を持った商品にアクセスします。

なで肩仕様 肩の部分に角度をつけたハンガーもネットで販売されています。こういう小物に気をつかうだけで、ショップの雰囲気がガラッと洗練されたものになります。

どんなサムネイル画像がお客様の興味をひくのか。それを知るには、**なぜあなたがそのアイテムを仕入れたのか、その理由を思い出せばよいのです。**アイテムの強み・魅力を引き出し、見込み客に伝えられる写真をサムネイルにするということです。たとえばビッグロゴが背中にあるのであれば、あえて正面ではなく背面の写真をサムネイル画像に持ってくるべきです。前面の写真をサムネイルにするのがセオリーですが、それを100%守る必要はありません。あくまでも「強みは何か？」を考えて選びましょう。

サムネイルは、お客様の興味をひくためのもの。フロントではなく背中にインパクトのあるロゴがあるのであればその強みを活かそう。

強みは何か？ 仕入れのときは、古着のデザインやブランドなどどこかに魅力を感じて仕入れているはずです。サムネイルにはその服の魅力が一番伝わりやすい写真を選びましょう。それが、そのアイテムがお客様に訴えかける強みということです。

人が集まるショップを目指して すぐにできること

本章ではここまで、販売ページの作り方をテキスト編とビジュアル編に分けて述べてきましたが、最初から完璧にやろうとすると高いハードルに感じてしまい行動が止まってしまいます。**不完全でもいいので、とにかく手を動かすことが大切です。**特に、実際に出品することは古着をお金に変える作業です。この作業をやらないと一銭も稼ぐことができません。その意味で、どんどん出品して、実際に販売していくことが、とっとと初心者を脱出して稼げる古着屋になるための大事なステップです。量は質を担保します。具体的には、**１００着のアイテムを出品することを当面の目標に掲げましょう。**

実際のお店で考えてみるとわかりますが、５着しか商品が並んでいないお店と、１００着以上の商品が所狭しと陳列されているお店では、前者があえてその戦略を取っている場合を除いて、普通は圧倒的に後者のほうが売れます。

もちろん、ターゲットを絞ることが前提です。古着女子でも古着男子でも、明確に売るお客様を決めて、その見込み客がショップに並んでいるどの古着にアクセスしてもいいと感じてもらわなければ意味がありません。商品数が多ければいいといっても、ちぐはぐな商品を雑多に並べるのはＮＧです。

　１００着の商品が常にショップに並んでいること。販売平均単価を４０００円、仕入れ単価を２０００円と考えた場合、利益率50％で、１カ月に４分の１程度が売れていくとざっくり仮定すると、１００着出品すると売上が10万円で、利益が５万円。２００着出品すると売上20万円で、利益が10万円になります。冬シーズンになると売れ行きが伸びるため、10万円の利益に到達することはさらに簡単になります。

◉初心者のうちは利益よりも回転重視

慣れないうちは、利益を追い求めるよりもとにかく素早く、数多く古着を売る＝「回転させる」ことを考えましょう。

　これまで２５００人以上の方々にアドバイスしてきた経験を踏まえ、モチベーション管理の視点から説明します。実績がない始めたばかりの段階で、相場かそれ以上の強気の値段設定をしていても売れません。売れないと当初あったはずのモチベーションはすぐになくなります。古着転売に限らず、何か新しいことを始める際には、**低いハードルをたくさん越えることが大事です**。そうすることでモチベーションが持続します。古着転売の場合は、回転重視でとにかく古着を売るということ。ほかには毎日１つでもいいから出品することと、１枚でもいいから写真を撮ること。ごく小さなステップ、低いハードルを自分に

回転重視「回転が遅くても利益を重視するスタイル」と「利益が多少減ってもすぐに売れていくスタイル」であれば、初心者のうちは後者を取りましょう。売れないとやる気がなくなりますが、売れるとやる気が持続し挫折しにくくなるからです。

課し、それを越えていきましょう。

実際に売る経験を積み重ねることで、お客様が求めている情報や気にしていること、販売までに必要なやりとりなどが肌身でわかってきますし、自信もつきます。そして何より作業に慣れます。一度慣れてしまえば、特に気合を入れなくても日常のルーティンに古着転売を組み込めるようになり、ますます挫折しにくくなり、売れていくので作業自体が楽しくなってきます。そうしてモチベーションを維持しつつ作業を繰り返す過程で、いつの間にかもはや初心者とはいえないくらい実績と経験を積み、回転重視のステージを超えて利益を求める段階に入るでしょう。

仕入れをミスってしまい、多少の赤字が出ることは初心者のうちはよくあることです。そのちょっとした失敗にこだわってはいけません。ほかの商品で利益がきちんと出ているものもあるはずです。在庫のアイテム1つひとつの売れ行きにこだわり一喜一憂していてはスピードが落ちてしまいます。**トータルで利益が出ればいいのです。**

1カ月の利益が0〜5万円のうちは、相場以上の値段で売ることよりも、多少安くてもいいから販売数をこなして商売の経験を積むことに邁進しましょう。

◉あなたのファンを増やしていく方法

古着転売の作業に慣れてきて、5万円以上の利益を稼げるようになったら、**次の段階と**

利益を求める段階 トレンド古着の売り方を完全に理解した段階です。月収10万円稼げるようになればその知識が身についていると考えてOKです。そうなれば次はトレンド古着転売で学んだマーケティングスキルを活かし別ジャンルの古着を売るのもいいですし、まったく違うサービスやモノを売るのもいいでしょう。

して自分のショップにファンを作っていくことを考えていくとよいでしょう。「あなたが古着を出品したら買います！」という濃いファンを作ることができれば商売はものすごく楽になります。

たとえばAppleは濃いファンを作るのがとても上手い会社です。iPhoneを買ってその機能性やデザイン、コンセプトのとりこになって、iMac、MacBook、iPad、AirPodsと、すべてをApple製品で揃えている人は珍しくないですよね。ちなみに僕も信者の1人です。新製品が出たらそれほど必要なさそうでもとりあえず買ってしまうし、競合他社製品と比較検討したりもしないので、値段が高くても関係ありません。

では、どうすればお客様がショップのファンになってくれるか？　自分のショップで古着を買いたいと思ってくれるか？　を掘り下げてみます。

たとえば、**あなたは行きつけのお店がありますか？**　服屋でも飲食店でもかまいません。考えてみてください。行きつけになったということは、つまりあなたはその店のファンになったということですよね。なぜあなたがその店のファンになったのかを考えてみれば、古着転売にも応用できるヒントが見つかるはずです。たとえば、よいものをほかの店より安く購入できたら、またその店で買い物をしたいと思いますよね。もしくは、接客が礼儀正しく、丁寧に梱包され、思っていたよりも綺麗な状態で品物が手に入っても嬉しいでしょう。ネットでモノを買う場合なら、出品者とのやりとりが迅速で安心できる、また商品がいち早く手元に届くことでもファンになると思います。

まとめると、**お客様が「思っていたより」「想像以上に」満足したということが重要です。お客様の期待値を超えたメリットを差し出せると一気にファンになってもらえます。**たとえば古着なのにクリーニングされていて思っていたより綺麗だとか、漫然と古着を売っている出品者が多い中、この出品者はコーディネートの提案が的確で、想像もしていなかった服の着こなしを教えてもらえたとか。

あなたが行きつけるお店はなぜ行きつけになったのか。どんなことに価値を感じているのか。一度振り返ってみると、新たなファン獲得の方法が見つかるかもしれません。

◉フォロー割引、リピーター割引、まとめ買い割引を取り入れる

ここでは、誰にでもすぐにできる簡単なファン獲得の手段を紹介します。

メルカリにはショップをフォローする機能があり、これは**好きなショップに目印をつけておくようなイメージです。**お客様が自分のページの「フォロー中」をタップすると、すぐにフォローしているショップに飛ぶことができ、**お気に入りのショップを再訪するときにとても便利です。**

また、お客様が「お知らせ・機能設定」で「フォロー中出品者の出品」通知の設定をオンにしておくと、フォロー中のショップが新規出品したタイミングで、「あなたがフォロ

ーしているショップが新しいアイテムを出品したので見てみませんか？」とメルカリからスマホに通知が届きます。**もし１００人のユーザーが、あなたのショップをフォローしてくれていたら、出品しただけで１００人にお知らせが届くということです。**これはめちゃくちゃ強力な機能です。

このフォロー機能を利用した「フォロー割引」の考え方はとてもシンプルで、**「自分のショップをフォローしてくれたお客様だけ安くしますよ」というサービスです。**僕の古着転売塾の塾生にもこのサービスを導入してもらっていますが、やるかやらないかで明らかに売上に差が出ます。フォロー割引を導入しなければ、せっかく購入してくれたお客様に、こちらからアプローチする手段がなくなります。売上に差が出るのは当たり前です。

お客様の立場からも、ボタン１つでフォローするだけで欲しい古着が数百円安くなるならフォローしない理由はありません。フォロー割引を使って古着を購入したお客様が、その後も継続的に出品されるアイテムを通知によって知ることでショップのことが好きになり、何度も購入してくれるリピーターになってくれる確率が高まります。フォロー割引は、出品者にとっても購入者にとってもハードルが低い理想的なサービスなのです。

一度購入しただけのお客様に、何度も購入してもらうリピーターになってもらうことも商売を楽にします。「リピーター割引」は、リピーターになってくれた方限定で値下げな

通知が届きます　すでに僕たちのショップをフォローしてくれているお客様は、こちらに多少興味を持ってくれています。「あのお店、ちょっといいんだよね」と思っているお客様に、僕たち売る側から「こんな商品仕入れましたよ！　どうですか?」と知らせることができるのです。使わない手はありません。こちらから積極的にアプローチしていきましょう。

どのメリットを提供することです。購入していただいたあとのメルカリ上でのやりとりや、商品を発送する際に同封する手紙で、「次回もリピートで購入してくださった場合、〇〇%割引や〇〇のおまけなど素敵なプレゼントを差し上げます」「お友だちを紹介してくださったら紹介者様も次回〇〇%割引させていただきます」などのメッセージを送ります。これまでご自身がリピーターになるほど満足した商品やサービスは、どのようなメリットを感じたからそうなったのか。それを振り返ってみることで独自のアイデアが生まれます。

「まとめ買い割引」もシンプルです。たとえばスウェットを3着まとめて1万円で売るなどです。初心者でも取り組みやすいでしょう。**売れ残ってしまったアイテムを値下げして売り切りたいときにも使えます**。

同じまとめ買いでも提案の仕方を少し変えたコーディネート割引も面白いです。これは1週間分のコーディネートをこちら側で考え、それをお客様に提案して複数のアイテムをまとめて売るという考え方です。実店舗でのマネキン買いのようなものです。古着を着てみたいけどどんな古着を買えばいいのかと手が止まってしまっているお客様、コーディネートを自分で考えるのは面倒と感じているお客様などにこの提案は響きます。

マネキン買い 店頭に置いてある、マネキンが着ているコーディネートを上から下まで買うこと。ファッションに興味がなくてもトレンドを確実に押さえることができ、自分で考えなくてもいいのがメリットです。コーディネート割引は、1セットだけでは着回しができないので1週間分のコーディネートを売る側で考えます。

◉初心者の値付けの仕方

メルカリにはたくさんの出品者が古着を出品しています。僕たちのようにビジネスとして本格的に古着を売っている人のほか、着なくなった服の断捨離で安い値段で処分している人もいます。値段設定は出品者によってバラバラです。では、僕たちはどのような考え方で値段を設定するべきでしょうか。１０５ページでメルカリで売れている服のリサーチ方法を書きましたが、その方法を使います。

たとえばナイキのナイロンジャケットを出品するとします。１０５ページでは「90s 古着」のように大雑把なキーワードで検索しましたが、ある特定のアイテムの相場を知りたい場合は「ナイキ　ナイロンジャケット」のようにより具体的に検索します。そのあとの手順は同じです。「絞り込み」→「販売状況」で「売り切れ」にチェックを入れ、「並べ替え」で「いいね！順」をタップすると、自分が出品するアイテムと似たようなものが人気のある順でずらっと並んでいるので、**その中で一番高い値段で売れているアイテムの、だいたい1割〜2割引きで値段設定します。**

一番高値で売れている人のページを調べると、すでに数十着から数百着売れている実績があり、さらにフォロワーも数千人単位と桁違いなことがあります。古着転売初心者の方は、そのようなパワーセラーに実績でかなわない分、パワーセラーと同じようなアイテム

自分が出品するアイテムと似たようなもの　まったく同じものは見つからない可能性が高いので、大枠で似ているアイテムを参考にしましょう。「ブランド」「服の種類」「デザイン」が共通していればOKです。たとえば、ナイキ・スウェット・ビッグロゴだったり、ラルフローレン・セーター・ワンポイントロゴなど。これらの3つの要素を持つアイテムの中で最も高値で売れているものをピックアップします。

がパワーセラーよりも少し安いというメリットをお客様に差し出して戦いましょう。はじめはその方法で戦いながら、だんだんと実績を積んでフォロワーを増やしていけば高値で売れるようになっていきます。

◉アクセスアップには「再出品」

メルカリは、**新規で出品したアイテムが人目につきやすい画面のトップに表示される仕組みになっています。**裏を返せば、出品したもののすぐに売れなかったアイテムは、そのまま放っておくと人目につかない画面の下部にずぶずぶと沈んでいってしまい、売れる確率が極端に下がります。

再びトップに表示させるためには、改めて商品を出品し直す「再出品」をしましょう。ただし再出品を頻繁に行いすぎると商品検索で圏外に飛ばされることがあるので、**1日に一度、アクセスの多いアイテムを2、3着再出品するくらいがいいでしょう。**再出品は無料ですし、もとの販売ページの文章をコピペするだけなので新規の出品より手軽にでき、また出品数が少ない初心者でもアクセスアップが見込めますからやらない手はありません。ヤフオクではツールを使えば再出品が誰でもできるので、ほかの出品者と差別化しにくいのですが、メルカリは再出品をしない出品者も多いため効果があります。

人目につかない画面の下部 お客様は皆が皆、購買意欲があるわけではありません。暇つぶしにメルカリを見ている人もたくさんいます。そんな潜在的な顧客にとって画面のトップに表示されないアイテムは存在しないことと同じです。すきま時間にコツコツ再出品に取り組み、露出を増やしましょう。

column

人の目を気にして生きていくのはつまらない

起業してつくづく実感するのですが、日本人ってとにかく他人の目を気にしますよね。「こんなことをして、周りからどう思われるだろう？」「変なやつだと思われないだろうか。仲間外れにされないだろうか？」と不安に思う人が多いです。

堀江貴文さんやZOZOの前澤友作さんがあれだけ目立つのも、ある意味日本人らしからぬ振る舞いが国民に驚きをもって注目されているからだと思います。周囲からどう思われようが関係ない。自分は自分のやりたいことをやる。彼らのそのような姿勢は僕もとても共感しますし、ああいう風に自分の意見を主張できるのはかっこいいと思います。

いまでこそそんなことを思えるようになった僕ですが、起業する前はめちゃめちゃ自意識過剰で、他人の目を気にしていつも目立たないようにひっそりと生きていました。そのため起業してYouTubeを始めたときも、かなりの心理的な抵抗感がありました。「何こいつ。トークスキルなさすぎて何いってるかわからん。笑わせるわ」「滑舌悪い。内容薄い。時間損した」とか思われないかと。

それまでの自意識過剰な僕のままだったらYouTubeなんか絶対やらなかったと思いますが、当時の僕は収入がほとんどなく、もはや失うものが何もない状態。行動しない＝死を意味していたので、必死になって挑戦しました。

結果的に、ビビっていたようなことは何も起こりませんでした。というか視聴者がほとんどいなかったので、誰も見てないならいいかと気楽に動画を作りまくり、動画作成にもトークにもだんだん慣れていきました。気づいたら誰も見ていなかった僕のチャンネルを見てくれる人が増え、塾を作ったら入塾希望者も集まりました。まさか自分が本を出版する日が来るなんて考えたこともありませんでした。僕が起業した当初、「ネットでビジネス？　そんなの稼げるわけないじゃん。転職活動しなよ」といっていた学生時代の友人に、久しぶりに会って近況を話すと、「俺にも古着転売教えて！」と。人の目なんて当てにならないものです。

本章の冒頭にも書きましたが、**結局、人はどこまで行っても自分のことにしか興味がありません。**誰も他人なんか見ていないのです。他人の目を必要以上に気にして、ビクビクしながら人と同じことをやっていたときより、思いっきり好きなことをやって、上手くいったり失敗したり大恥をかいたりしているいまのほうが断然楽しいです。

いい意味で、あなたのことは誰も見ていません。自由にやりたいことをやって人生楽しんでください。

第5章
トレンド古着転売応用編&みんなの質問

STEP5：さらに飛躍する

第5章 トレンド古着転売応用編
＆みんなの質問
【STEP5:さらに飛躍する】

ターゲットをずらし、異なるチャンネルで販売することで、
双方のデメリットを打ち消し合い、相乗効果で月収10万円以上の利益を狙います
デメリットを打ち消し合える！
仕入れ
メルカリ
ターゲットをずらし販売
ヤフオク
めざせ月収10万円over！
おー
すごい！
そうすればもっとマーケティングの幅が広がりますね！
フフフ…
そうなんです
本書でこれまで学んできたことを応用すれば、さらに大きく稼ぐことができます！
そして、この章の後半は古着転売初心者の方々からのよくある質問に回答します
よくある質問コーナー
これまでになかった「三方よし」の古着転売で
自分で稼ぐ力を養い、真の自由を手に入れましょう！
オォー!!

メルカリで売るのとヤフオクで売るのは何が違う？

本書ではこれまで、メルカリというプラットフォームで古着を販売するノウハウを解説してきました。ここまで本書を読み進めてきたあなたなら、トレンドアイテムを扱った古着転売の知識が頭に入っているはずです。あとは実践あるのみです。

本章では、月収10万円以上を狙うために、これまで勉強してきたトレンド古着の売り方を応用した、ヤフオクでの古着転売について説明します。メルカリとヤフオクという**属性の異なる2つのチャンネルを使うことによって販路が拡大され、仕入れができないことがなくなり、なおかつ互いのデメリットを補い合うことが期待できます。**たとえば、トレンド古着ではどうしても単価が下がってしまう夏でも、ヤフオク転売を併用することで季節に関係なく売上の見込みを立てることができるようになります。逆にどうしても回転率が悪いヤフオク転売のデメリットを、回転の早いトレンド古着のメルカリ転売によって補うことができます。

メルカリでは「18歳から22歳の男女の学生」と若者をターゲットにしましたが、**ヤフオクでは30代以上の男性をターゲットに「趣味性の高い古着」を販売するのがおすすめです。**

メルカリとヤフオクという異なるプラットフォームの性質を最大限活用し、さらに大きく稼いでいきましょう。

◉ヤフオク古着転売のメリットとデメリット

トレンドジャンルを扱うことの最大のメリットは、一言でいうと回転率の高さでした。もともと需要が高いジャンルなので、単価は多少安いものの、スピーディにアイテムが売れていくことが大きな魅力です。では、ヤフオクで古着を売ることのメリットは何でしょうか。

それを知るためには、まずヤフオクの利用者について考えることが重要です。売る相手への知識がなければ売る商品が決まりません。ヤフオクの利用者層は、**30歳から49歳の男性がボリュームゾーンを形成しています**。その年齢層が主なユーザーということで、流行りのアイテムが売れやすいメルカリと比べ、スポーツ、自動車関連商品やアウトドアグッズなど**趣味性が高いアパレルアイテムがヤフオクでは売れています**。それら趣味性の高い商品は流行り物に比べ高額で売れる傾向があるので、経済的に余裕のある年齢層の男性に向けてピンポイントで売っていくと高い利益が狙えるでしょう。これがヤフオクで古着を売る場合のメリットです。

デメリットは、やはり商品の売れるペースが遅いこと。趣味に使う出費なので緊急性があるわけではなく、毎月の支出の中でも後回しにされがちです。ヤフオク古着転売をビジネスの中心に据えると、経済的にもモチベーション的にもしんどい戦いになります。そこでトレンド古着転売でスピーディに売って一定の利益を確保しつつ、ヤフオクの趣味古着でがっつり利益を狙って大きく稼いでいきましょう。

ヤフオクでは趣味性の高い古着を扱うため、自分の趣味や好きなことがビジネスになります。**いまある自分の強みがお金になるということです。**トレンドアイテムを扱う古着転売との違いはそんなところにもあります。自分の好きなことなので、もっと転売ビジネスが楽しく身近なものに感じられると思います。

自分の強みが活きるとは、たとえばヴィンテージデニムが好きな方であれば、これまで学んだトレンド古着転売のノウハウと、もともと詳しいヴィンテージデニムの知識を掛け合わせてビジネスを展開すること。ハイブランドでもレディースでもスーツなどのフォーマルアイテムでも強みの活かし方は同じです。自分の得意分野がある方は、トレンド以外のジャンルにもスムーズに応用させることができるでしょう。

「古着転売は始めてみたけど、服への興味は相変わらずないよ」。そんな方もビジネスに応用できる何かしらの強みが必ずあるはずです。たとえばスポーツが好きな方。野球、サッカー、ラグビー、バスケ、テニス、ゴルフ、フットサル、アメフト、スノボ、釣りなど、

スーツなどのフォーマルアイテム スーツやネクタイなども転売することができます。イタリアの生地であるゼニアとロロ・ピアーナを使ったスーツは高額で売れます。ブランドはビームスやユナイテッドアローズなどのセレクトショップ系やポール・スミスも強いです。ビジネス用なので仕入れの際には状態に十分気をつかいましょう。

ヤフオクでのターゲット

⊙ヤフオクユーザーのボリュームゾーンは「30歳から49歳の男性」

⊙売れやすいのは「趣味性の高いモノ」

⊙20代向けのアイテムは安く落札されがち

↓

趣味にお金を使える男性
（年齢は30歳から49歳の中で趣味のジャンルに応じて設定）

メルカリとヤフオクでの古着転売

	メリット	デメリット
メルカリ トレンド古着	・回転率が高く現金化が早い ・モチベーションが維持しやすい ・仕入れがしやすい ・仕入れ値が安い	・単価が安い（特に夏）
ヤフオク ニッチ古着	・単価が高い ・売上が季節に左右されない ・仕入れがしやすい ・仕入れ値が安い	・回転率が低い ・商品知識が必要 →自分の強みを活かす

世の中には無数のスポーツがありますが、そのほとんどにプロチームや社会人チームのユニフォーム、専用ウェア、グッズがありますよね。リサイクルショップに行って棚を見れば、これまたたくさんのスポーツ関連の古着が販売されています。たとえばプロ野球では、ファンが着用するユニフォームにも無料で配布されるものもあれば、1万円を超える高額なものもあります。そしてそれらは知識がない人からすれば一見違いがわかりません。僕はスポーツに疎いのでお宝アイテムがリサイクルショップに陳列されていても反応することができませんが、スポーツ好きな人が棚を見れば高額で売れそうなアイテムやレアアイテムを物色できます。ライバルが減るので仕入れがグッと楽になりますし、もともと興味のある分野なので勉強が苦にならないこともメリットです。

僕はスポーツの知識がほとんどないため本格的なスポーツ用品の転売はできません。男性なので、レディースアパレルの知識もおしゃれな女性に比べたら全然です。そう考えていくと、**趣味とファッションを絡めた転売は超ブルーオーシャンです**。今後も、ほかの転売のように参入者が増えすぎてどうにも利益が出にくくなる状況になることは考えにくいです。

マーケティングの知識とあなたの趣味の知識を組み合わせて、ライバルがいない市場を見つけて暴れまわってください。

ほかの転売のように参入者が増えすぎてどうにも利益が出にくくなる アパレル業界は市場規模が大きい上に、衣食住は生活に欠かすことができないもので需要がなくなることのない分野です。またアパレルすべてのジャンルに精通している人は極めて少数派ですよね。カジュアルに詳しい人はフォーマルに疎い、メンズに詳しい人はレディースに疎いというように。飽和どころか、古着転売にはまだまだ誰も足を踏み入れていない未知の金脈が眠っています。

ヤフオクだってこれまで学んできたことと同じ

自分の強みは何か？　得意なこと、好きなことは何か？　ということを改めて知っておくだけでもとても強い武器になります。

どういうアパレルジャンルの転売に取り組むとしても、利益を出すための考え方はこれまで書いてきたことと同様です。まず自分の強みを把握したら、次は第2章でお話ししたように「誰に売るか」を決めます。たとえば「釣りが好きで、週末は早朝から仲間と釣りに行くのにハマっている30歳の会社員男性に、釣り道具やウェアを売る」としましょう。そしてここからもっと掘り下げます。

どんな種類の釣りなのか。海釣りか川釣りか渓流釣りか。場所は九州なのか北海道なのか。千葉なのか神奈川なのか。季節は1年中なのか。どのくらいの熱意で釣りをしているのか。子どものころから釣りが好きで、シーズンになると毎週のように出かけて行くのか。有給を取ってでも行くのか。それとも友だちに誘われて始めたばかりの初心者なのか。

僕自身は釣りはまったくの素人で、人生で一度もやったことがないのですが、こうやって未知の分野でも売る相手のことを理解していきます。もちろんできるだけ深く知るため

もっと掘り下げます　マーケティングで最も大事なところが、このリサーチを掘り下げまくるところです。人に教えていて「もったいないな〜」と思うのがまさにここで、90%くらいの方が突き詰めて考えられていません。掘って掘って、もう売る商品についても売る相手についてもわからないことはない、それらについて何を聞かれても答えられる。そんなレベルに達したらまず間違いなく売れます。

に、釣り雑誌に片っ端から当たったり、釣り場に出かけて行って、釣り人と仲よくなって話を聞いたりもします。

どんなものを売るときもそうですが、**深く掘っていけばいくほど、仕入れるアイテムが絞り込まれ売りやすくなります**。逆に掘り下げが甘い場合、つまり〝みんな〟に向けて浅い商品を揃え、浅い商品説明文を書いてしまうと、誰にも見向きもされません。しかし自分の強みを活かしたり、好きな分野の転売への参入なら、そもそも人よりその商品を詳しく語れるためその心配はいりません。これまで誰もいなかった市場が出現することになります。その市場での転売ヤーはあなた1人だけ。仕入れに困ることもお客様に困ることもありません。完全なるブルーオーシャンで無双できるのです。

話を釣りに戻すと、僕がフィッシングウェアを釣り初心者の方に売るのであれば、低価格から中価格帯のアイテムを上から下まで仕入れるでしょうし、逆にベテランの方に売るのであれば高価格でより専門的なアイテムを仕入れて売ることになるでしょう。しかしそうなると商品回転率が落ちるだろうから、いまの自分の資金力と実力からすると初心者とベテランのどっちに売ればいいかな？　と考えられるようになっていきます。ここまで応用できるようになれば、ライバルがいようがいまいが、どんな服も売れるようになるでしょう。

ヤフオクで狙ってみると面白いジャンルは？

ヤフオクを利用しているユーザー層は30代以上の男性が多く、最も多いのは40代の男性です。メルカリユーザーの中心は女性で、18歳から39歳までの年齢がボリュームゾーンなのを鑑みても、メルカリでトレンド古着を売ることとは戦略がかなり異なってきます。ヤフオクで売るとなると、ターゲットが必然的に30代以上の男性になるので、まずヤフオクでトレンド古着を売るのはやめたほうがよいでしょう。ヤフオクの落札履歴の相場を見ても、トレンド古着はメルカリより2割～3割ほど安い値段で落札されていることが多いようです。

ヤフオクで古着を売るときには、**「趣味などに特化したニッチジャンル」を狙います。**メルカリのように「低価格のトレンド商品を高い回転率で売る」のではなく、ヤフオクでは「中～高価格帯のニッチ商品を低い回転率で売る」戦略です。**若者より懐に余裕のある大人の男性コレクターに、車やバイクの関連商品、スポーツやアウトドア用品などの趣味性の高いニッチなアパレルアイテムを売るということです。**

リサイクルショップでは、ニッチジャンルの商品は安い値段でも長い間売れずに陳列さ

ニッチ 「すきま」という意味で、大企業が参入しないような小規模な市場分野を指します。ここでの「ニッチ」は、古着の中でもさらにほとんどの人がスルーしてしまうようなジャンルです。

れたままになっていることがよくあります。トレンドアイテムとは違い、知識がある人が少なく、また転売ヤーが仕入れのためにごっそり買い付けることもほとんどないので、**店側も「これずっと売れないけど誰が買うんだろう？」と半信半疑になっている節があります。**

先ほど、僕はスポーツの知識が乏しいので本格的なスポーツ用品の転売は無理と書きましたが、これまでＪリーグのＦＣ東京のジャージや、自動車メーカー・ホンダのナイロンジャケットなど、ニッチジャンルのアイテムをそれなりに仕入れてきました。いずれも１０００円以下の値段で仕入れることができ、それらはマニアによって10倍ほどの値段で買われていきました。仕入れ場所はトレンド古着と同じく、リサイクルショップやフリーマーケットが中心です。ただしアイテムがそこら中にゴロゴロ転がっているわけではないので、トレンド古着の仕入れのついでに見かけたら逃さないようにするくらいのスタンスでちょうどいいと思います。

ここからはいくつかのニッチジャンルについて仕入れのポイントを説明します。

◉自動車・オートバイメーカー系

Ｔシャツ、キャップ、ジャケット、バッグ、つなぎなど、**自動車メーカーやオートバイメーカー由来のアパレル関連商品は安定して高値で売れやすいです。**国内勢のトヨタ、ホンダ、日産、マツダ、スバル、三菱、海外メーカーのメルセデス・ベンツ、ポルシェ、フェラーリ、ＢＭＷなど、どんなメーカーにもグッズを収集しているコレクターが存在します。それに関連して、ラリーアート、ニスモ、ホンダ・レーシング、スバルテクニカインターナショナルなど**モータースポーツ系のメーカーも人気が高いです**。オートバイメーカーはヤマハ、ホンダ、スズキ、カワサキなど国内メーカーが人気です。これらのアイテムを欲しがる40代以上の男性は、それより下の世代よりも自動車やオートバイへの思い入れが段違いに強く、オークション形式でヤフオクに出品すると思わぬ高値になる可能性があります。

◉タイヤメーカー系

自動車メーカーと親和性が高いものに、タイヤメーカーのグッズがあります。ヤフオクを覗くとキャップ、Ｔシャツ、ジャケット、つなぎ、アウター、小物類などの定番アイテムが高い値段で取引されています。ミシュラン、グッドイヤー、ダンロップ、ブリヂストン、ピレリ、コンチネンタル、ヨコハマタイヤなどのメーカーがコレクターからの人気が高いです。

思わぬ高値になる可能性　そもそも過去に似たような商品が出品されているデータがなく、相場が存在しないこともあります。その場合はずっと探しているコレクターがいるか、もしくは需要がまったくないかの両極端に分かれます。コレクターがいたときは、オークション形式にすることで想像以上の値段に競り上がります。万が一需要がまったくない場合に備えて、自信がないときは仕入れ値を1,000円以下にするなど自分でルールを決めておくとよいでしょう。

◉スポーツジャンル系

スポーツジャンルも同様にアパレル関連のグッズを仕入れて売りましょう。リサイクルショップによっては、トレンドアイテムの棚の品数が少なく、逆にスポーツグッズの品揃えが充実している店もあります。プロ野球であれば限定ユニフォームやタオルなどのグッズ、草野球などで実際に使用するグローブなども仕入れの対象になります。

サッカーであれば、Ｊリーグだけでも Ｊ１、Ｊ２、Ｊ３を合わせると50以上のクラブチームがあり、それぞれにサポーターがいます。最もクラブチーム数が多い神奈川県は、川崎フロンターレ、横浜Ｆ・マリノス、横浜ＦＣ、湘南ベルマーレ、Y.S.C.C.横浜、ＳＣ相模原と６つのクラブチームを抱えています。**このように地域に根ざしているスポーツは、その土地のリサイクルショップに関連グッズがたくさんあり、ネットを通じた全国への販売に需要があります。**プロ野球でたとえれば、東京在住の広島カープファンに、広島県限定発売のグッズをヤフオクで買ってもらうようなイメージです。野球やサッカーに限らず競技人口が少ないスポーツにも熱心なファンはいるので、値段が安ければどんどん仕入れて経験を積んでいきましょう。

限定ユニフォーム 製造したブランドや品質、選手の人気度に左右されるので、リサーチが必須になります。ある年のリーグ交流戦限定、昔のデザインの復刻などは高くなる傾向にあります。無料で配布されたユニフォームは高値にならないので仕入れないようにしましょう。

◉革ジャン

革ジャン（レザージャケット）は、オートバイに乗る**バイカー、コスプレイヤー、ロック系のファッションを好む人やバンドマンからの需要があります**。ブランドものはもちろんノーブランドでも売れますし、流行に左右されない定番アイテムのため、一度仕入れのコツを覚えてしまえば毎年仕入れができるメリットがあります。

革ジャンの中でも、ライダースジャケットが最も人気が高く仕入れ対象です。ライダースジャケットは、フロント（前立て）のデザインがシングルタイプで、コーディネートに合わせやすいシングルライダースと、前立てがダブルタイプになっていて男らしいダブルライダースの2種類に分かれます。このどちらも人気です。丈が長めのいわゆる**ハーフコートの革ジャンは売れにくいので、安くても仕入れないようにしましょう**。

＊大事なのは革の種類。牛＝馬＞豚＝羊

ノーブランドの革ジャンを仕入れる際に気をつけるポイントは、革の種類です。牛革と馬革が最も人気で、豚革と羊革はそれらに比べると一段人気が落ちます。襟元のタグや内側のタグに革の種類が記載されているので、仕入れのときに忘れずにチェックしましょう。

合皮の革ジャンの仕入れには注意が必要です。合皮の場合は、有名ブランドであったり、

派手なカラーリングやイラストが描かれていたり、スタッズ（飾り鋲《びょう》）やワッペンが大量に貼られているなどデザイン的な派手さがある場合に限ります。特徴のない黒のデザインの合皮、かつノーブランドの場合は仕入れないようにしましょう。

＊革ジャンのコンディションとカラーリング

ボタンが取れている程度の状態の悪さであれば、革ジャンは買った人が直して使うこともよくあるので仕入れ対象になります。革のスレ、テカリも味が出ていると解釈できるので仕入れてもよいでしょう。逆に仕入れ対象外なのは**革ジャンの内側の布の破れです。**特に脇の下や腕の内側が破れていることが多いので、仕入れる前に自分で袖を通してみて、破れの有無を確認することをおすすめします。またポケットの内側が破れていたり、全体にカビが生えていることもあります。これらも仕入れてはいけません。避けられるクレームはあらかじめ避けるという意味でも、隅々までチェックするようにしましょう。

カラーリングについては、基本的にはシンプルな黒が最も数が多く人気も手堅いです。一方で青・赤・白などのカラフルなデザインを探しているコレクターもいて、さらに本革は貴重なので見つけたら即仕入れましょう。また、**日本製、アメリカ製、ヨーロッパ製であることは付加価値になります。**タグに記載されていたら、必ず販売ページのタイトルや商品説明文に書き入れるようにしましょう。

味が出ている　「味」とは、年代を経てきた魅力とも言い換えることができます。古着は多かれ少なかれダメージや汚れがあるものです。古着を好んで着る人は、服のダメージにその服が歩んできた道のりやストーリーを見出し、価値を感じるのです。

革ジャン

シングルライダース

ダブルライダース

バイカーだけでなく、コスプレイヤーやバンドマンもターゲットになる。

◎ノーブランドでも売れる
◎人気の革は牛革と馬革。合皮の仕入れは注意
◎革のスレやテカリは味

古着転売の不安をまとめて解消しよう

２０１９年に働き方改革関連法が施行され、大企業でも副業を解禁する流れになり、僕たち個人を取り巻く働き方は急速に変化しつつあります。**古着転売は、ビジネスとしては産声をあげたばかりです。**副業初心者でも気軽に始めることができ、初期投資も少額で済むことから参入者が日々増えています。

しかし、ここまで本書を読んできてくださったあなたならおわかりと思いますが、古着転売は「簡単に」「楽して」稼げるようなビジネスではありません。誰に、どうやって価値を伝えるのか――マーケティングの原理原則をきちんと学んでいただく必要があります。その代わり、古着転売で身につけた本質的なビジネススキルは一生あなたを助けてくれる心強い力になるでしょう。

ここからは古着転売初心者の方からよくいただく疑問や質問についてお答えしていきます。不安になるのは、知識が定着していないうちは誰しもが通る道です。古着転売の可能性を信じて取り組んでみてください。

大企業でも副業を解禁する流れ ソフトバンク、パナソニック、リクルートなどの大企業が社員の副業を容認しており、今後は中小企業にも広がっていくでしょう。

「簡単に」「楽して」稼げる ネットビジネス業界でよく見かけるキャッチコピーですが、ご存じのように簡単で楽に稼げる仕事は世の中にありません。もしそれが本当なら、一瞬で参入者が殺到し稼げなくなります。結局、稼ぐことの一番の近道は「努力して実力を身につける」という味も素っ気もないものです。僕は起業して以来大勢の経営者にお会いしてきましたが、みなさんすべからく努力していました。うまい話はありません。地味にコツコツやりましょう。

Q……仕入れができなくなることはありますか？

A……知識と行動の両輪が伴えばあり得ません。

僕は古着転売というビジネスの最初期からブログやYouTubeなどのメディアを通じて情報発信しています。その立場から、古着転売は個人でも稼げるビジネスとして年々注目度があがっていることをひしひしと感じています。僕が情報発信を始めた２０１６年にはまだネット上に古着転売の有益な情報はほとんどなく、古着転売というビジネス自体まったくといっていいほど知られていませんでした。そのころに比べると稼げることを知って参入者が増えた分、確かにリサイクルショップでの仕入れはだんだんと難しくなりつつありますが、今後仕入れができなくなることはないだろうと考えています。

それにはいくつか理由があります。

まず1つ目の理由が、古着転売は始めるのも簡単ですがやめるのも簡単だということ。本書を購入してくださったあなたは勉強へのモチベーションが高いと思いますが、「ネットで稼げるって聞いたからちょっと手を出してみるか」くらいの転売ヤーもとても多いです。ちょっとやってみようというノリから古着転売の面白さに目覚め、勉強して成果を出す人もたくさんいますが、明確な目標もなく勉強する意欲もない場合、古着転売で継続して稼ぎ続けることは簡単なことではありません。なんとなく古着転売を始めた人はすぐにやめていなくなってしまいます。僕は情報発信を始めて5年目ですが、5年間古着転売を続けることができた人は僕のほかにはほとんどいないのではないかと思うほどです。

2つ目の理由が、古着転売はどんなジャンルでも稼げるということです。本書では初心者が最も取り組みやすいトレンドジャンルを中心に構成しましたが、もちろんアパレルの種類は1つだけではありません。本章で触れたニッチもありますし、レディースやデニムやモードやアウトドアなど転売できるアパレルのジャンルは多岐にわたります。コスプレイヤーや日本が好きな外国人向けに着物や浴衣を売っている転売ヤーもいます。**「こんなのが売れるの？」と驚いてしまうようなジャンルでもどこかに需要さえあれば売れます。**それぞれのジャンルには一長一短がありますが、知識があればあるほど仕入れの幅は広がります。

また、僕の古着転売塾では古着の卸業者と提携し積極的に活用しているのですが、常時数千点のアイテムをピックできるため仕入れし放題です。**リサイクルショップやフリマでは仕入れが難しいレアアイテムを仕入れることができるのが卸業者の魅力です。**卸業者は大口顧客がメインなので、個人ではなかなか取引するのが難しいことがデメリットですが、リサイクルショップに通う時間がなく、数を揃えるのが難しいときは利用してみるの

着物や浴衣 仕入れは、やはりリサイクルショップです。「羽織」「陣羽織」「和装」「大正レトロ」などのキーワードをメルカリの検索窓に入力してみてください。仕入れに目利きの要素が求められ、販売ページでは世界観を作り込む必要がありますが、競合相手がほとんどいない分野です。

古着の卸業者 海外から古着を買い付け、日本国内で古着屋などの法人相手に卸す業者のことです。リサイクルショップを回る必要がなくなるため、仕入れにかかる時間を大幅に省けます。上手く活用できれば古着転売で月収20万円以上稼ぐことが現実的になります。

も有効です。

そして31ページで触れたように、古着にはバーコードがないということ。知識の差が顕著に出るのが古着転売というビジネスなので、勉強しない限り決して安定的に仕入れができるようにはなりません。仕入れの知識があればあるだけ仕入れは楽になります。このように、古着転売に継続して取り組み、並行していろいろなアパレルジャンルの知識を増やしていけば仕入れができなくなることはないでしょう。安定的に10万円以上稼げるようになってきたら、卸業者などを利用して仕入れの幅を広げれば鬼に金棒です。

Q……仕入れに使えるお金があんまりないんですが……

A……商品を回転させて増やしていきましょう。

ネットビジネスの素晴らしさは、初期投資の金額が少なくてもよいところです。僕自身、最初の古着の仕入れに用意したお金は2万円でした。当時は会社を辞めたばかりで本当にお金がなく、その2万円も不用品をメルカリとヤフオクで売って何とか都合したお金でした。

あなたはフリーマーケットに行ったことがありますか？　安い店では１着１０００円で服が並んでいます。そこまでではなくても、リサイクルショップに行けば１０００円以下のアイテムはたくさん見つかります。１着１０００円なら、２万円あれば20着程度の数を仕入れることができます。そうして仕入れた古着を、どんどん売って回転させて雪だるま式に売上を増やしていきます。そうすれば最初は仕入れに使えるお金が少なくても、回転させることで増えていきますよね。

まず、自分が古着転売でいくら稼ぎたいかという目標を決めるのがおすすめです。目標を決めることで、そこから逆算して考えることが可能になりますし、具体的な行動に結びつけやすくなります。道筋がはっきり見えれば不安も減りますよね。たとえば月10万円の利益を目標にしたとしましょう。目標とする10万円を１カ月の30日で割れば、１日に稼がなければならない金額は３３３３円です。この数字は、たとえば３５００円で売れるＴシャツを１０００円で仕入れ毎日２着売ることができれば到達します。６５００円が相場のナイロンジャケットを２０００円で仕入れて１着売ってもいいですよね。このように、はっきりと自分がやるべきことがわかるためモチベーションを維持しやすくなります。

最初は仕入れに使えるお金がなくても、コツコツ古着を仕入れて売ることを繰り返していればおのずと使えるお金は増えていきます。小さい目標から大きい目標へ、振り返ると成長した自分に出会えるはずです。焦らず頑張ってみてください。

Q……10万円稼げるまでに時間はどのくらいかかりますか？

A……遅くとも半年かければ十分達成可能な数字です。

その人の勉強に使える時間と仕入れに使える資金に左右されるので一概にはいえませんが、これまで教えてきた経験からいうと、成果を出すのが早い人だと始めたその月から稼げます。最初の月から10万円も20万円も稼げる人もいますが、これはレアケースです。ほとんどの方は、初月はだいたい1万円から3万円くらいかなという印象です。

3カ月から半年ほどの時間をかけて、サボらず真面目に勉強に取り組んで行動すれば、月に10万円の利益はさほど高いハードルだとは思いません。しかし、本書で掘り下げてきたマーケティン

10万円稼ぐためのプロセス

① 本書で勉強する

② 100着の在庫を目指す

③ 回転重視で売りながらフォロワーを増やす

④ 一通りのサイクルに慣れたら商品の単価をあげていく

⑤ トレンド古着に慣れたらほかのジャンルに進出する

初月はだいたい1万円から3万円　僕は初心者の方に教えるとき、必ず、最初は知識のインプットをしてくださいと伝えています。古着転売の知識がないうちから焦って行動してもあまり意味がないからです。会社員の方であれば平日は会社で働き、すきま時間や休日に古着転売の勉強をしていただくので、最初の月から10万円稼げる人はけっこう珍しいです。

グというテーマは、一朝一夕に誰でも身につけられる簡単なものではないのもまた事実です。ものにするのにやはり時間がかかります。だからこそ本質的なビジネススキルが会得できますし、古着以外の物販にも応用がきくのです。マーケティングの知識抜きでは、もし今後参入者が増えていった場合、古着転売で稼ぎ続けることは難しいでしょう。

会社員では、どんなに頑張っても月に10万円の昇給は考えにくいですよね。とにかく半年間頑張れば副業で**年収が１２０万円増える**と思い描いて、くじけずに取り組んでみてください。

Q……転売は悪いことじゃないんですか？

A……古着転売は三方よしの価値あるビジネスです。

もはや風物詩のようになっていますが、クリスマス商戦やお正月商戦の時期になると「転売ヤーによる買い占め行為」が問題になります。子どもに人気のおもちゃやゲームを買い占め、定価以上の値段につり上げてAmazonなどで転売している人たちがネットで叩かれています。また、２０１９年に施行されたチケット不正転売禁止法も構図は同じです。商

年収が120万円増える 副業でそれだけ稼げればかなり生活が変わります。たとえばいまよりいい場所に引っ越せたり、毎月旅行に行けたり、新たなビジネスの勉強などの自己投資に使えたりと可能性が広がります。選択肢が増え、結果、心の余裕ができます。それほど副収入の月収10万円は大きいです。

古着転売は三方よし

転売者
- 販売力が身につく
- 埋もれていた古着の価値を見出し、利益を得ることができる

購入者
- ショップを回って探す手間が省ける

店舗
- 売上があがる

品を買い占めて定価以上の値段で転売する行為は嫌われて当たり前だと思います。ましてやコロナウイルス禍という非常事態下での買い占めと転売など論外もはなはだしいです。

古着転売は、これらの転売とは根底から考え方が異なります。**価値がないと思われているものに価値を見出すビジネスだからです。**リサイクルショップやフリマで安く売られている古着。そのお店では、その場所では需要がないのかもしれません。でもその古着は、ネットを通じて全国の人に見てもらえば、きっと欲しがる人が見つかります。僕が古着転売を宝探しにたとえるのはまさにこれが理由で、ある人からすれば喉から手が出るようなお宝なのにもかかわらず、誰もその価値に気がついていないから僕らが代わりに発掘して

その場所では需要がない 実店舗では、当然その店に行かないと商品が買えません。地域に密着したスポーツチームのグッズが好例です。その地域ではありふれていて誰も欲しがらない商品が、場所を変えるだけでほかの地域に住んでいるファンに売れるのです。

いるのです。

ある商品を買い占めて品薄の状況を作り出し、恣意的に値段をつり上げるわけでもなく、古着転売のせいで誰かが損をしたり悲しんだりするわけでもない。「お店側は売上があがって嬉しい」「古着を買うお客様は探す手間が省けて嬉しい」「古着転売ヤーの僕たちは稼げて嬉しい」。**古着転売は、売り手も買い手も世間も喜ぶ、まさに「三方よし」のビジネスなのです。**

Q……ほかのネットビジネスに挫折したんですけど稼げますか？

A……稼げます。僕も含めてそのような前例はたくさんあります。

ネットビジネスと一口にいっても、いまは個人がネットを使って稼ぐ方法はたくさんありますよね。有名どころをざっと挙げてみても、アフィリエイトや転売、投資やFX、クラウドソーシングなどいくつもありますし、日々新しいビジネスが生まれ続けています。

僕ははじめアフィリエイトに挑戦してみました。給料以外で収入を得ようとするのはは

FX「Foreign Exchange」の略で、日本では外国為替証拠金取引といいます。2つの国の通貨を交換・売買し利益を狙う投資のことです。

クラウドソーシング ネットを使って企業が群集（クラウド）に仕事を依頼すること。動画の編集やホームページの作成、ブログの執筆など、在宅でもできる仕事が多く副業としても人気です。

じめてのことだったので不安しかありませんでした。その不安は的中し、アフィリエイトはあえなく挫折してしまいました。個人・法人問わずすでにライバルがひしめき合っていて、僕のようなまともに文章も書いたことのない後発組の人間ではなかなか勝負にならない印象でした。１００個ほどのサイトを作成し、自分なりに勉強して工夫したものの結局1つの商品も売れることなく、「やっぱり俺は何をやってもダメなのか……」と絶望しました。ただ、そのあとにラストチャンスの覚悟で始めたAmazon転売では15万円ほど稼ぐことができ、転売ならイケそうだと勢いに乗った僕は古着転売に乗り出すことになります。

会社員時代に上司にいつもいわれていたことが「お前はこの仕事に向いてない」でした。協調性がなく、コミュニケーション能力に乏しい僕は、誰が見ても会社員向きではありませんでした。僕だって、会社員に向いていないことは重々承知していましたが、そんな理由で辞めていたらキリがないと思い我慢して働いていました。とはいえ結局退職し、その後起業してアフィリエイトに失敗、やっていてつまらないという理由でAmazon転売もやめたときに向き不向きというものが確かに理解できました。

本当に、ただ向いていなかっただけなのです。会社員という働き方が、アフィリエイトやAmazon転売というビジネスが。塾生にも同じ境遇の方がたくさんいらっしゃいます。何をやっても上手くいかなかったけど、古着転売は稼げて自信を持てたという方々が。古着転売はビジネスの勘やセンスが不要ですし、ファッションにも詳しい必要はありません。**ほかのネットビジネスに挫折したことと古着転売で稼げるかどうかに因果関係はないのです**。もし少しでも興味があるなら、自分の着なくなった服を何着かメルカリに出品してみてください。「自分には古着転売が向いてるかも」と思ったら本腰を入れてやってみましょう。案ずるより産むがやすしで、やってみたら案外楽しみながら稼げるかもしれませんよ。

Q……作業を継続してできないのですがどうしたらいいでしょうか？

A……「習慣化」と「罰金システム」が鍵です。

古着転売は勉強と実践を継続すればおのずと稼げるようになるのですが、孤独な作業ゆえに「続ける」こと自体が難しいという相談をよくいただきます。解決する手段はいくつかあるのですが、ここでは2つの方法をお話しします。1つは誰でも取り組みやすい習慣化を取り入れた方法で、もう1つはスパルタ式です。後者は厳しいですが、より確実に継続できるようになります。どちらの方法が合うかはその人によるので、好きなほうを選

孤独な作業 基本的には仕入れから発送まで1人でできる仕事なので、やってもやらなくても誰にも怒られたりほめられたりすることはありません。僕が古着転売を教えている方々の中で特に家族を持つ方にありがちなのが、怪しいとか、稼げないんじゃないかと思われパートナーから理解が得られないパターン。孤独ですね。でも稼げるようになれば発送の作業を手伝ってくれるなど協力が得られるようになることも多いです。

んでやってみてください。

まず1つ目の方法です。53ページで、古着転売のビジネスモデルを細分化すると、「仕入れ」「販売」「発送」になるという話をしました。当たり前のことですが、人はやりたくないことがあるから挫折するんですよね。ご自身を振り返ってみて、仕入れと販売と発送のどの作業がやりたくないでしょうか？　考えてみてください。仕入れに行くのが億劫でしょうか。販売にまつわる、出品や文章を考えることが面白くないのでしょうか。梱包して発送するのが面倒くさいのでしょうか。

もし発送が面倒なのであれば、なぜ面倒なのかを掘り下げて考えてみてください。たとえば僕の場合は、ビニール袋とテープを用意して、売れた服を綺麗に包んで、箱に入れることを10個分やって、コンビニに行って手続きをして……というすべての工程を考えて、やることの多さにうんざりするのが常でした。これでは次第に発送が面倒になり、いつの間にか投げ出してしまいますよね。

これを防ぐためには先のことを考えず、とにかく目の前の作業に集中することです。フルマラソンでも、疲れたときに「あと15キロもあるよ……」と考えてしまうと、先の長さに足が止まってしまいます。そんなときは目の前の一歩に集中することで、最後まで走り続けることができます。ルーティンとして続けていれば、何も考えずにできるようになり、いつの間にか生活の中に組み込まれて習慣化していきます。

２つ目のスパルタ式の方法です。こちらはとてもシンプルで、**ペナルティの意味で自分に罰金をかけます**。たとえば、商品の発送を今日中にしなかったら罰金10万円を友だちに払うと宣言しましょう。

会社で働いている人は、気分が乗らなくて面倒くさくても出勤しますよね。なぜかといえば会社をサボるとクビになるからです。クビになって収入が途絶えるわけにはいかないからです。クビにはならなくても、同僚から白眼視されたり上司に小言をもらうのは愉快な出来事ではありません。

それに対して古着転売は、**やらなくても誰にも怒られないし、生活ができなくなるわけでもありません**。そこで、やらなかったら自分にとってよくないことになるというペナルティを、罰金という形で古着転売に適用します。僕が会社を辞めて古着転売を継続できたのも、まさに恐怖心があったからでした。やり続けても結果が出るかどうかわからないけど、やらないと１００％結果が出ないのは明らかです。僕は無職で追い詰められていて、何か行動を起こし続けないと抜き差しならなくなる恐怖心があったので継続することができ、結果につながりました。

僕はいまだに隙があると仕事をサボってだらけてしまうので、習慣化と罰金システムの両方を取り入れて日々の仕事を続けています。

宣言 大々的に発表してしまうのは効果的です。有言実行、背水の陣。絶対にやらないといけないと気合も入ります。宣言した相手からのプレッシャーもかかるでしょう。孤独な作業に他人が介在してくれることになります。願ってもないことです。

Q……やる気はどうやって出せばいいですか？

A……やる気はやらないと出てきません。

最も手っとり早いのが、作業のハードルを下げて、とりあえず手をつけることです。やる気は自然にわいて出てくるものではありません。やる気はやらないと出ません。逆にいえば、**作業に手をつけてさえしまえば勝手にやる気が出てくるので、大した苦労もなく作業をやり続けることができます**。

作業に手をつけるのに壁を感じているのであれば解決するのは簡単です。作業のハードルを下げてあげればいいだけです。たとえば古着の出品作業が苦手で、その中でも特に商品説明文を書くことにハードルを感じているとしましょう。それならまず、自分にとって比較的楽な写真だけ撮ってみる。そうやって写真を撮るために手を動かしているうちに勝手にやる気が出てくるので説明文を書けるようになります。

しかし、やる気というのは出すのは難しいのに、なくなるのはあっという間の厄介な代物です。すぐに気が散ってしまう環境にいると、やる気を維持することも簡単ではありません。**僕は何か作業をするときは、自分の思考を邪魔するものがない場所に行くことにし**

ています。たとえばブログを書くときはスーパー銭湯やカフェに行きます。ブログを書く以外やることがなくなるので、無理なく自然に取り組むことができます。家にいるとテレビやマンガなど仕事以外の誘惑が多すぎてやる気がなくなってしまうことがわかっているからです。会社員の人なら、やる気が出ないときだって会社に着いてPCを立ち上げれば自然と仕事に向き合えますよね。会社では同僚の目がありますし、「やる気がないからやりません」は通用しません。先の「習慣化」「罰金システム」とも通じますが、オフィスのようなサボれない環境に自分を放り込めばよいのです。

やる気の出し方がわかったら一度ご自身の生活を振り返り、気を散らしてしまう原因となっているものは何か？　ということを考えてみてください。原因を取り除ければ、やる気が出ないことに悩むこともなくなるでしょう。

Q……20万円以上の金額を稼ぐにはどうすればいいですか？

A……作業の効率化を進めましょう。

20万円以上の金額を稼ぐには、これまでの「10万円稼ぐ方法」からさらに一歩踏み込んだ戦略が必要になります。トレンド古着だけでなくヤフオクで別のターゲットに向けて売るなどの戦略を紹介しましたが、ここでは切り口を変えて「効率化」をテーマに大きく稼いでいく方法をお話しします。

10万円という金額は、知識があって行動が伴えば難しくない額です。しかし、それ以上の金額を稼ごうとなると、どうしても効率を考えないといけません。すべての作業を自分ひとりでやっていると時間がなくなってしまうからです。

もし週のうち5日間を本業に使って、残り2日間を副業である古着転売にあてるとしたら、目標額10万円だったらまだ余裕があっても、20万円以上の金額を稼ぐとなるといままでのやり方では不可能に近くなります。せっかく古着転売でお金を稼いだのに、前より忙しくなって家族との時間が取れなくなってしまった、趣味に使う時間がなくなってしまった、では本末転倒です。

ではどうすればいいかというと、**人に作業を任せる必要が出てきます**。いままでは自分が働く労働者の視点でした。その視点をぐっとあげて、経営者の視点で働き方の効率化を考えます。

経営者と労働者の違いを端的にいうと、経営者はビジネスの仕組みを作り、労働者はその仕組みを回すために働きます。**経営者の視点で考えるということは、これまでよりも抽象的な視点からビジネスを俯瞰してとらえるということです**。古着転売でそれを考えると

いままでのやり方では不可能　会社員の方が、月収20万円以上の金額をいままでのやり方でものにするとなると、単純に労働量を2倍に増やすしかありません。平日働いたあと、土日を使って仕入れに出かけ、家に帰ってから写真を撮り出品し、売れた分を発送し……という一連の作業をただ増やせば、お金が稼げたとしても時間がなくなり精神的に疲弊していきます。やり方を変える必要があります。

どうなるでしょうか。「仕入れ」「販売」「発送」のビジネスモデルを使い、効率化に取り組んでみましょう。

まず販売ですが、マーケティングの知識はいかなるビジネスにも必須なので、販売は自分でやりましょう。一方で仕入れと発送は、必ずしも自分がやる必要はありません。人に任せられれば、リサイクルショップやフリーマーケットに費やす時間が省け、梱包など発送のための時間も浮きます。

僕は、仕入れに卸業者を利用しています。古着転売では仕入れにかかる時間がどうしても長くなってしまうため、ここを業者に任せるだけでも大幅な効率化ができます。卸業者に商品のセレクトを任せることができるので、こちらがやることは本当にありません。「今回は10万円仕入れたいので、商品のセレクトをお任せします」。それで仕入れはおしまいです。仕入れのお金を卸業者に振り込めば、商品が自宅に届けられます。発送はもっと簡単で、作業を家族や友人などに発注すればＯＫです。

最初から20万円以上稼ぐのは簡単ではありません。ですが、10万円稼ぐ実力がついたら、マーケティングの知識もある程度ついたと判断できるので、あとは仕入れを増やし古着転売の仕組み化に取り組んでいけば、20万円以上稼ぐことも現実的になるでしょう。

Q……海外旅行が趣味です。海外で古着の仕入れはできますか?

A……可能ですが利益を出すことは簡単ではありません。

僕の友人にサーフィンが大好きな経営者がいて、波に乗るために世界中を旅しています。そしてそのついでに古着の仕入れもしています。世界中の古着は、いったん物価の安いパキスタンやタイに集まるといわれています。そこで古着が選別され、また世界各国に散らばっていきます。そのため世界中の古着バイヤーがタイに仕入れにやってきます。僕はタイでの仕入れ経験がこれまでに4回ありますが、**日本国内ではあり得ない質と量で、まさに圧巻の体験でとても刺激的でした**。タイのほかにはアメリカ、カナダ、韓国などがポピュラーな古着の仕入れ先です。

海外の場合、仕入れる場所は市場《いちば》やマーケットになります。古着倉庫もあるのですが、そのほとんどが古着屋のバイヤーなどのプロを相手にしているので、一般客はコネクションがないとなかなか入れません。

市場はもちろん誰でも仕入れられます。巨大なフリーマーケットのような雰囲気で、古着以外の商品も何でも売っています。観光スポットになっていることも多いです。そこで古着屋の店主と値段を交渉し仕入れていきます。

海外での仕入れには言葉の壁があります。古着屋以外にも大量のお店が出店するには広大なスペースが必要で、市場の場所は郊外であることが多いです。そのようなエリアでは、どこでも英語が通じるわけではありません。そもそも、とても広大なため古着屋にたどり着けないことすらありますし、相手が母国語しか解さない場合は値段交渉も困難です。観光客だからとぼったくられる心配もあります。

もっとも海外仕入れの壁はそれくらいで、コミュニケーション能力に自信があり、なおかつ海外に慣れているなら仕入れ自体は難しくありません。趣味で行く海外旅行のついでに、ちょっとでもお金が稼げたらと仕入れてみるのはいいでしょう。先日プライベートでグアムに行ったときに、滞在していたホテルの近くにたまたま小さな古着屋があったので行ってみると、利益が出るアイテムを数着仕入れられ、滞在費用の足しになりました。

しかし、**お金を稼ぐことを目的に海外に行くのであれば、仕入れ資金は少なくとも数十万円は必要になってきます。**プロのバイヤーのようにシビアにお金のことを考えなければいけません。渡航費用、滞在費用、飲食費用、古着の輸送費、関税、そのほかの諸経費がかかってくることを考えると利益を出すのは簡単なことではありません。

値段を交渉 フリーマーケットのように値段交渉ありきの価格設定になっていることが多いです。観光客や一見客だと見るや思いっきり吹っかけた値段を提示してきたり、常連にしかいい商品を出さないお店もあります。旅先で舞い上がってしまい相場より高い値段でつかまされないように注意してください。

おわりに

最後まで読んでくださり本当にありがとうございました。

これで僕が持っている古着転売におけるノウハウはすべて出し尽くしました。従来の転売手法とは大きく異なるので驚かれた方もいるかもしれません。しかし、最後まで読んでいただければわかるとおり、何も特別なことをするわけではありません。「安く仕入れ、高く売る」――突き詰めればそこにたどり着きます。本書で掘り下げてきた古着転売で学べることはビジネスの本質であり、王道です。ほかのビジネスにも応用できるエッセンスを随所に忍ばせているので、ぜひ何度も読んで血肉にしていただければと思います。

これまで述べてきたとおり、僕は特別な才能に恵まれている人間ではありません。むしろ、「なぜ自分は人ができることができないんだろう」と悩むことが多い、自分に自信の持てない男でした。そんな僕でしたが、古着転売を信じ、コツコツと地道にやったからこそ、いまの生活を手に入れることができたのだと思います。

僕は会社を退職するまで、自分が起業するなんて思ってもみませんでした。それまでのしょぼくれた人生の中で、僕にそんな大それたことができるとはとても考えられなかったのです。でもいま振り返ってみると、その考えには根拠がまったくありませんでした。やったこともないのに、なんとなく難しそうだと思い込んでいたのです。

古着転売はとてもシンプルなビジネスです。古着を安く仕入れる手段としては、リサイクルショップやフリーマーケット、海外での買い付け、国内の古着卸業者からの買い付けなどがあります。その中から、いまの自分にもできそうなものはどれかを考えればよいのです。「そういえば最寄り駅の近くにリサイクルショップがあったなあ。1回行って様子を見てみよう」。最初はそれでいいのです。もしその店で1着でも古着が仕入れられれば、古着転売における小さくて大きな第一歩が踏み出せたことになります。次に考えるのは高く売ることです。そのためにはマーケティングを学ぶこと。売り方もメルカリやヤフオクなどのネットで売る、フリマに出店する、古着屋を開業する、海外に輸出するなどいろいろと考えられます。考えたら、自分にできそうなことからやってみてください。ネットで販売するなら特別なスキルも面倒な手続きも不要です。

ちょっと考えれば古着転売というビジネスは、難しいことなんて何にもないことに気がつくと思います。でも、ビジネスの知識がなかったころの僕は転売について間違ったイメージを持っていました。「何もわからないけどなんか難しそう、やったことないし俺にはできなさそう。稼げている人は俺とは頭のできが違うか運がいいやつ。どうせ俺には無理」。そんな風に言い訳して、失敗して自分のちっぽけなプライドが傷つくのが怖くて挑戦できなかったのです。

いままでやったことがないことをやるのは誰だって怖いのです。僕は海外旅行の経験がなかったころめちゃくちゃビビっていたのですが、一度古着の仕入れでタイに出かけてみると、タイの温暖な気候や素晴らしい自然環境のとりこになり、以来何度も訪れています。怖かったのは最初だけで、一度経験を積むことで途端にハードルが下がり、いまでは海外旅行が好きになってしまいました。ビジネスもこれと同じです。これまで会社員という雇われる側の働き方をしてきた人は、未経験の働き方にとてつもなくハードルを感じるのは当然です。

でもここまで読んだあなたは、古着転売の知識をものにしたはずです。知識があれば怖いことなんかありません。勇気を出してやってみてください。古着転売はリスクがありません。初期投資も店の維持費もタダみたいなものです。古着転売でビジネスの入り口に立って、たとえば僕のようにマーケティングに興味を持ったなら、その勉強をどんどんしていけばいいですし、その結果自分の力でお金を稼ぐことにハマって独立するという新たな夢ができるかもしれません。何にせよ、いままで想像もしなかった自分の可能性に気づいて、きっと心踊る体験をするはずです。古着転売によって、人生がいまよりもっと刺激に満ちた楽しいものになることでしょう。本書がそのきっかけになることを願っています。

２０２０年６月　　しーな

著者紹介

しーな

1989年生まれ。大学卒業後、新卒で入社した会社を上司のパワハラにより退職。アフィリエイトやAmazon転売などのネットビジネスに失敗したのち、古着転売ビジネスで起業する。

マーケティングの知識ゼロ、仕入れ資金わずか2万円でビジネスをスタート。「古着の仕入れ」「ネットでの販売」「梱包・発送」の大部分を自動化し、金銭的・身体的・時間的自由を手に入れる。

過去には会社員を中心に、学生、主婦、フリーランサー、経営者など、新規事業立ち上げやマーケティングを視野に入れたビジネスマンへのセミナーを開催。現在は全国で100名を超える受講生が参加する、マーケティングを軸に古着転売を総合的に教えるビジネス塾を運営している。月収100万円以上を稼ぐ会社員、主婦を輩出。副業で月収10万円以上の塾生も多数在籍。

しーな公式LINE

コーディネート
小山睦男(インプルーブ)
カバーデザイン
TYPEFACE
カバー写真
星武志(estrellas)
本文デザイン+レイアウト
矢野のり子+島津デザイン事務所
マンガ
高西隆志

本書は情報の提供のみを目的としています。本書の運用は、お客様ご自身の責任と判断によって行ってください。本書に掲載されている情報の実行などによって万一損害等が発生した場合でも、筆者および技術評論社は一切の責任を負いかねます。

本書の内容に関するご質問は弊社ウェブサイトの質問用フォームからお送りください。そのほか封書もしくはFAXでもお受けしております。

ご質問は本書の内容に関するものに限らせていただきます。本書の内容を超えるものや、個別のご相談、コンサルティングに類するご質問にはお答えすることができません。あらかじめご了承ください。

〒162-0846
東京都新宿区市谷左内町21-13
(株)技術評論社　書籍編集部
『「古着転売」だけで毎月10万円』
質問係
FAX…03-3513-6183
質問用フォーム…https://gihyo.jp/book/2020/978-4-297-11387-2

「古着転売《ふるぎてんばい》」だけで毎月10万円《まいつきじゅうまんえん》
——メルカリでできる最強《さいきょう》の副業《ふくぎょう》

2020年6月26日　初版　第1刷発行
2021年8月25日　初版　第2刷発行

著　者　しーな
発行者　片岡 巌
発行所　株式会社技術評論社
東京都新宿区市谷左内町21-13
電話　03-3513-6150　販売促進部
03-3513-6166　書籍編集部
印刷／製本　港北出版印刷株式会社

定価はカバーに表示してあります。

ISBN978-4-297-11387-2 C3055
Printed in Japan